Business Travel Management

Rüdiger Mahnicke

Business Travel Management

Praxis-Know-how für den Einkäufer

 Springer Gabler

Rüdiger Mahnicke
Niederkleveez
Deutschland

ISBN 978-3-658-02932-6   ISBN 978-3-658-02933-3 (eBook)
DOI 10.1007/978-3-658-02933-3

Die Deutsche Nationalbibliothek verzeichnet diese Publikation in der Deutschen Nationalbibliografie; detaillierte bibliografische Daten sind im Internet über http://dnb.d-nb.de abrufbar.

Springer Gabler

Lektorat: Stefanie Brich, Claudia Hasenbalg

Gedruckt auf säurefreiem und chlorfrei gebleichtem Papier

Springer Gabler ist eine Marke von Springer DE. Springer DE ist Teil der Fachverlagsgruppe Springer Science+Business Media
www.springer-gabler.de

Einleitung

Business Travel Management umfasst alles, was ein Unternehmen macht, damit die Mitarbeiter auf Geschäftsreise gehen können. Zu den Funktionsbereichen eines Unternehmens verhält sich Business Travel Management daher als eine Querschnittsfunktion: Der Einkauf ist für Verhandlungen und Verträge zuständig, Personal für die Reiserichtlinie, die Buchhaltung für die Abrechnung, eventuell kommt auch noch die IT ins Spiel, wenn es um die Einführung neuer Tools geht.

Es gibt daher – seitdem es Business Travel Management gibt– eine Diskussion darüber, in welchem Bereich der Travel Manager angesiedelt sein soll, wenn es eine derartige Funktion gibt. Viele mittlere und kleinere Unternehmen wählen hier zum Beispiel auch die Assistenz der Geschäftsführung.

Dieses Buch richtet sich an alle diejenigen, die als Einkäufer mit dem Thema konfrontiert werden und die sich einen ersten Überblick verschaffen wollen. Oder an Einkäufer, die ihre Erfahrungen mit dem Thema durch einen Gesamtüberblick abrunden wollen und an Best Practice-Erfahrungen eines Unternehmensberaters partizipieren wollen.

Ich selbst fühle mich in diesem Umfeld – das Thema Business Travel Management aus einkäuferischer Sicht zu sehen und in die Abläufe des Einkaufs einzugliedern – zu Hause. Die Kunden unserer Unternehmensberatung Steinberg & Partner sind vor allem im Einkauf angesiedelt und ich gehe definitiv davon aus, dass es dem Business Travel Management gut tut, wenn man der Herausforderung mit den Augen eines Einkäufers begegnet.

Daher fokussiere ich in dem Buch auch darauf, die Teile des Business Travel Managements zu beschreiben, die in der Regel in den Kompetenzbereich des Einkäufers fallen. Andere Dinge wie zum Beispiel das Thema Reisekostenabrechnung werden lediglich in einem Exkurs behandelt, auch wenn diese ebenso spannend wären und als Beratungsfeld von uns durchaus wahrgenommen werden. Mir geht es aber vor allem darum, dem Einkäufer, der vielleicht auch andere Warengruppen betreut, den Weg zu weisen, mit den Besonderheiten der WarengruppeBusiness Travel umzugehen.

Den strategischen Einkäufer trifft diese neue Aufgabenstellung in doppelter Hinsicht unvorbereitet: Er muss sich fachlich einen Überblick verschaffen und er muss sich mit einer veränderten Rolle als Einkäufer anfreunden. Er kann durch Verträge lediglich einen Rahmen für die Buchung von Geschäftsreisen setzen. Das ist eine Besonderheit des Einkaufs von Geschäftsreisen: Die tatsächliche Beschaffung vollzieht eben nicht der Einkäufer selbst, sondern den erledigen der Geschäftsreisende oder seine Assistenz. Insofern ist der Einkäufer gezwungen, neben der reinen Verhandlung von Rahmenverträgen auch einen zentralen Buchungsprozess zu schaffen und zu kontrollieren, ob dieser eingehalten wird.

Der Geschäftsreisemarkt ist insbesondere bei den Hauptnachfragegütern Flug und Hotel sehr stark von schwankenden Preisen abhängig, die von den Anbietern je nach Auslastung ausgesteuert werden. Ein erfolgreicher Einkauf muss daher insbesondere absichern, dass der zum Zeitpunkt der Buchung wirtschaftlichste Tarif gebucht wird – zum Beispiel durch die Auswahl kompetenter Reisevermittler und die Definition von Buchungswegen und Richtlinien. Die Auswahl des richtigen Reisebüropartners und der besten Tools einschließlich moderner Web-Technologie wird dadurch zur Herausforderung für den Einkäufer.

Ich möchte dem Einkäufer einen Weg weisen, sich in diesem Dreieck zwischen volatilem Markt, Ansprüchen der Geschäftsreisenden und Einkaufsgrundsätzen zu bewegen. Dabei behalte ich die knappe Zeit des Einkäufers stets im Blick. Gerade in dieser Warengruppe ist es wichtig, die richtigen Verhandlungspartner auf der Airline- oder Hotelseite zu finden. Nicht die Anzahl der Verträge ist relevant. Es müssen die richtigen Verträge sein, die der Einkäufer schließt, damit sie überhaupt zur Anwendung kommen.

Der Einkäufer erfährt, wie er die richtigen Verhandlungspartner findet und er bekommt Hebel für eine erfolgreiche Verhandlung in die Hand gelegt.

Das Buch geht intensiv auf die Themen Reisebüroausschreibung und Implementierung einer gewinnbringenden Zusammenarbeit mit einem Reisebüro ein. Wir werden sehen, wann es sich lohnt, Online-Portale für die Reisebuchung zu nutzen und welche Rolle das Reisebüro bei den unterschiedlichen Portalen einnehmen kann.

Im Praxisbuch habe ich im Wesentlichen darauf verzichtet, den Lesefluss durch Quellenangaben zu stören. Die Inhalte des Buches geben im Wesentlichen Kenntnisse und Erfahrungswerte aus meiner Beratungspraxis wieder, die Grafiken sind selbst erstellt. Die Literaturlage zu dem Thema ist auch äußerst dünn. Mit Ausnahme der Publikationen des VDR (Verband Deutsches Reisemanagement) sind kaum Veröffentlichungen auf dem Markt. Dabei sind diese Publikationen häufig auf Spezialthemen innerhalb des Business Travel Managements beschränkt und damit für den Überblick des Einkäufers zu eng gefasst. Insofern ist dieses Buch innovativ und neu.

Ich habe des Weiteren darauf verzichtet, spezielle Themen aus meiner Beratungspraxis mit aufzunehmen, die in der Regel nur einen kleinen Kreis interessieren würden. Eine Einbindung des Business Travel Managements in E-Procurement-Plattformen oder die Entwicklung eines Rollenmodells für den strategischen und operativen Einkäufer für diese Warengruppe habe ich genauso wenig thematisiert wie den gesamten MICE-Bereich (MICE = Meeting, Incentive and Congresses). Zwar wächst der Einkauf von Veranstaltungen ebenfalls immer mehr mit dem Business Travel Management zusammen, erhätte den Rahmen dieses Buches aber deutlich gesprengt und ist sicherlich eine separate Publikation wert. Auch das anverwandte Thema Fuhrparkmanagement wird hier nicht weiter behandelt.

Schließlich entschuldige ich mich bei allen Anbietern im Bereich Business Travel Management, die nicht erwähnt werden. Ich habe mich gerade bei den Themen Technologieanbieter und Reisebüros auf „gängige" und mir bekannte Anbieter beschränkt, um dem Einkäufer einen schnellen Marktüberblick zu verschaffen. Auf eine vollständige Aufzählung habe ich bewusst verzichtet – sie wäre mir natürlich ebenso wenig gelungen. Ich habe mich um eine neutrale Darstellung der Anbieter bemüht. Hier und da habe ich Empfehlungen eingestreut, die der besseren Orientierung des Einkäufers dienen sollen.

Dieses Buch kann natürlich keine individuelle Beratung und auch kein Seminar ersetzen. In unseren Beratungsprojekten erleben wir immer wieder, dass gerade beim Travel Management individuelle und auf das Unternehmen zugeschnittene Lösungen die erfolgreichsten sind. In meinem Buch fordere ich den Einkäufer auf, genau danach zu suchen. Bei allen Lösungen sollte er zunächst den Bedarf seines Unternehmens klären und dann an den Markt gehen. Wenn der Einkäufer dazu die Unterstützung eines Beraters in Anspruch nehmen will – umso besser. Wir können ihn dabei unterstützen, die richtigen Fragen an die Bedarfsträger zu stellen und die besten Antworten im Markt zu finden.

Es hat mir sehr viel Spaß gemacht, das Buch zu schreiben und ich bedanke mich für die vielfältige Unterstützung, die ich bekommen habe. In chronologischer Reihenfolge bedanke ich mich zunächst bei meiner Frau, Imke Eppers, die mich ermuntert hat, das Projekt in Angriff zu nehmen und die mir als erfahrene Redakteurin von Anfang bis zur Vollendung mit Ratschlägen, Ermunterung und positiver Kritik beigestanden hat. Weiterer Dank gilt Dr. Christian Sauer, der mit als Schreibcoach den Weg in die Vermarktung und in die Verlagswelt gezeigt hat. In diesem Zusammenhang ein weiteres Dankeschön an den Verlag Springer Gabler und insbesondere an die Lektorin Frau Stefanie Brich, die mir insbesondereTipps zu den Besonderheiten der Veröffentlichung des Buches als E-Book und im Portal Springer für Professionals gegeben hat.

Ruprecht Schäfer als Berater von Steinberg & Partner und schließlich und ganz besonders Candy Weiß-Thieme sowie Patrick Reiß und meine Frau haben das Manuskript inhaltlich und formal auf den Prüfstand gestellt und durch vielfältige Korrekturen und Verbesserungsvorschläge zu dem gemacht, was es jetzt ist.Ihnen gilt mein ganz besonderer Dank.

Inhaltsverzeichnis

Die Ausgangssituation im Unternehmen 1

Zusammenfassung

Und wieder eine Warengruppe hinzubekommen? Vielleicht geht es Ihnen wie vielen Einkäufern, die den Auftrag bekommen, sich doch mal, wenn Zeit ist, um das Thema Reiseeinkauf zu kümmern. Da muss doch was zu holen sein, wenn heute jeder seine Geschäftsreise bucht und der Einkauf gar nicht involviert ist.

1.1 Übliche Kostenverteilung für Geschäftsreisen: Transportkosten, Spesen, Übernachtung, Bewirtung und was sonst noch?

Als geübter Einkäufer nehmen Sie vielleicht erst einmal eine Lieferantenanalyse vor. Grundlage der Lieferantenanalyse ist meistens eine Auswertung der Lieferantenumsätze aus der Buchhaltung oder dem Controlling Ihres Unternehmens. In dieser Auswertung finden Sie sämtliche Beträge aufsummiert, die von Lieferanten in Rechnung gestellt wurden. Buchhalter sprechen hier auch von einer Kreditorenaufstellung, Kreditoren sind sämtliche Rechnungssteller und damit die Lieferanten des Unternehmens. Das ist die klassische und in vielen Fällen auch richtige Herangehensweise, um einen Ausgabenblock zu analysieren. Für das Thema Reiseeinkauf eignet sich die Lieferantenanalyse nicht, denn die wenigsten Reiseleistungen werden über eine Rechnung direkt an den Lieferanten bezahlt. Viele Ausgaben laufen über die Reisekostenabrechnung Diese Umsätze werden Sie nicht in der Lieferantenliste finden. Auch das Reisebüro oder die Kreditkarte, über die in Ihrem Unternehmen abgerechnet wird, sind nur bedingt ein Lieferant, denn das Reisebüro fungiert als Vermittler. Sie als Einkäufer sehen daher an den Reisebüroumsätzen nicht, welcher Art die Reiseleistung war, die eingekauft wurde und wer der dahinter stehende Lieferant war. Gleiches gilt für die Kreditkarte, über die abgerechnet wird.

▶   **Fazit:** Die Lieferantenanalyse ist für den Überblick nicht geeignet. Es lohnt sich ein Blick in die Sachkosten der Kostenrechnung.

R. Mahnicke, *Business Travel Management*,
DOI 10.1007/978-3-658-02933-3_1, © Springer Fachmedien Wiesbaden 2013

Abb. 1.1 Beispiel einer
üblichen Kostenverteilung

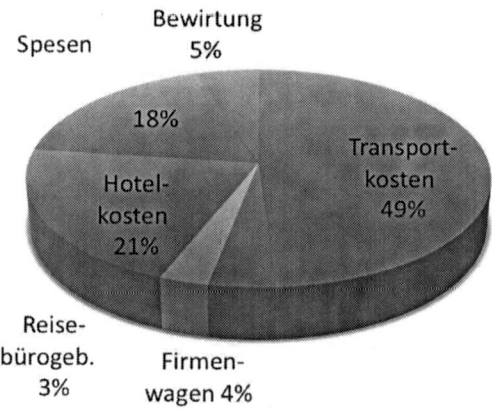

Wenn wir über die Lieferantenseite nicht weiterkommen, wenden wir uns den Kostenaufstellungen zu, die Sie als BWA (betriebswirtschaftliche Auswertung) von der Buchhaltung oder dem Controlling zur Verfügung gestellt bekommen. Je nach Aufstellung der Buchhaltung finden Sie auf der Kostenseite einen Posten „Reisekosten", meist ist dieser vermischt mit anderen Posten wie „Bewirtung", oder auch „KFZ-Kosten".

Sehen wir uns hier einmal die einzelnen Kostenarten an, so finden wir vielleicht eine Aufstellung wie folgt, wobei die prozentuale Verteilung je nach Unternehmen stark abweichen kann (vgl. Abb. 1.1):

Mit **Transportkost**en innerhalb der Reisekosten sind insbesondere Flug- und Bahnkosten gemeint. Auch Mietwagenkosten können hierunter fallen.

Hotelkosten werden häufig auch als „Übernachtungskosten" tituliert.

Die **Reisebürogebühr** ist eine Vermittlungsgebühr, die Sie für die Vermittlung von Flügen, Bahnfahrkarten, Visum o.ä., bezahlen.

Firmenwagen spielen in diesem Buch keine Rolle, auch wenn dieses Thema sehr verwandt ist und immer auch in die Reisekosten hineinspielt. Der Anteil der Firmenwagen an den Gesamtkosten ist in Unternehmen mit starkem Außendienst oder Vertrieb viel höher.

Reisespesen werden je nach Reisedauer und Zielland steuerfrei an den Reisenden ausgezahlt. Die meisten Unternehmen, denen ich in der Praxis begegne, zahlen diese Verpflegungspauschalen mit dem steuerlich möglichen Höchstbetrag aus. Man ist dazu allerdings nicht verpflichtet, das Unternehmen kann selbst festlegen, für welche Anlässe und in welcher Höhe Spesen ausgezahlt werden sollen – man kann also von der steuerlichen Regelung abweichen.

▶   Zwischenruf: Was habe ich als Einkäufer mit den Pauschalen zu tun?

Das ist eine sehr gute Frage: Sie haben in Ihrer Rolle als Einkäufer gar nichts damit zu tun. In welcher Höhe Pauschalen ausgezahlt werden, legt in der Regel die Personalabteilung oder die kaufmännische Leitung fest. Sie können daher diesen Kostenblock von der Summe der für den Einkauf **steuerbaren Reisekosten** abziehen. Wenn Sie mit einem Einsparziel konfrontiert werden, können Sie lediglich Transportkosten, Reisebürogebühren und Hotelkosten unter Berücksichtigung der Prozesskosten einsparen.

Eine ähnliche Rolle spielen die **Bewirtungskosten,** – auch diese können nur durch Vorgaben und eine Verhaltensänderung der Reisenden geändert werden. Sie als Einkäufer können diese sofort aus der Basis Ihrer Einkaufsziele heraus rechnen. Nehmen wir also an, Sie haben ein definiertes Einsparziel von 10 %. Dann sollten Sie Ihre Geschäftsleitung davon überzeugen, dass Ihre Basis nicht der gesamte Block Reisekosten ist, sondern nur der Block der steuerbaren Reisekosten. Nur die direkten Kosten Flug, Bahn, Mietwagen, Hotel und die Reisebürogebühren können Sie in Ihrer Funktion als Einkäufer beeinflussen. Die Basis für die Berechnung Ihrer Einsparungen wird dadurch kleiner.

Weitere Kosten bei den Reisekosten können je nach Zuordnung Taxikosten, Visakosten und Parkgebühren sein, die bedingt optimierbar sind.

1.2   Innerbetriebliche Herausforderungen: Zusammenarbeit mit anderen Fachabteilungen

Spätestens wenn Ihre Kollegen merken, dass Sie für den Bereich der Geschäftsreise zuständig sind, wird Ihnen klar, dass Sie sehr viel mit anderen Fachabteilungen zu tun haben werden:

Nehmen wir an, Sie haben sich mit dem Thema Mietwagen beschäftigt und haben mit einer Mietwagengesellschaft sehr gute Preise verhandelt. Sie haben einen Rahmenvertrag geschlossen. In diesem Rahmenvertrag haben Sie Preise für einzelne Mietwagenkategorien und andere Konditionen vereinbart. Jetzt führen aber nicht Sie die einzelnen Mietwagenbuchungen durch, das geschieht durch die Reisenden oder die dazugehörigen Assistenzen (im Travel-Bereich nennen wir diese „Travel Arranger"). Diesen müssen Sie jetzt die Möglichkeit geben, die von Ihnen verhandelten Raten zu buchen.

Sie können zum Beispiel mit der Mietwagengesellschaft vereinbaren, dass Sie einen Firmenzugang auf die Internetseite der Gesellschaft bekommen. Reisende oder Travel Arranger können die Buchungen dort online selbst durchführen. Wir sprechen hier von einem „Buchungskanal" – einem Weg also, wie Sie die Angebote Ihres Anbieters verfügbar machen. In diesem Fall wäre der Buchungskanal ein Online-Portal – die Internetseite des Anbieters. Sie erhalten von der Mietwagengesellschaft einen Link, den Sie im Intranet veröffentlichen können. Dieser Link verweist auf einen geschlossenen Bereich auf der Internetseite der Mietwagengesellschaft, auf den nur Mitarbeiter Ihres Unternehmens zugreifen können. Hier finden Sie die speziell für Ihr Unternehmen ausgehandelten Raten.

Je nach Größe und Aufstellung Ihres Unternehmens könnte es hier schon notwendig sein, die IT-Abteilung und die Datensicherheit zu involvieren, denn Sie installieren bereits das erste Tool.

Jetzt wollen Sie natürlich auch, dass die Mietwagengesellschaft, mit der Sie Preise verhandelt haben, von den Reisenden genutzt wird. Dazu sollten Sie in die bestehende Reiserichtlinie Ihres Unternehmens die Bestimmung mit aufnehmen, dass im Mietwagenbereich ausschließlich der Rahmenvertragspartner zu nutzen ist.

▶   Zwischenruf: Ich bin aber gar nicht zuständig für die Reiserichtlinie – das macht der Personalbereich!

Genau: Für die Reiserichtlinie sind in den allermeisten Fällen nicht Sie sondern die kaufmännische Leitung oder die Personalabteilung, vielleicht sogar die Geschäftsführung zuständig. Sie haben aber einen Regelungsbedarf, damit Ihr Einkauf erfolgreich ist. Sie müssen auf jeden Fall in der Lage sein, den Reisenden zu verpflichten, den Rahmenvertrag, den Sie ausgehandelt haben, auch zu nutzen, indem er bei dem Lieferanten bucht, den Sie ausgewählt haben. Ansonsten haben Sie hervorragende Preise ausgehandelt, in der tatsächlichen Buchung kommen diese aber gar nicht zum Tragen. Sie müssen außerdem verhindern, dass Reisende die guten Preise nutzen, um eine bessere Wagenklasse zu wählen. Auch in diesem Fall würde Ihr Verhandlungserfolg durch das Verhalten des Reisenden zunichte gemacht. Sie sollten daher auch eine Regelung anstreben, welche Wagenklasse zu buchen ist. Daher müssten Sie sich mit den für die Reiserichtlinie verantwortlichen Abteilungen zusammentun und Ihre Einkaufs-Anliegen dort einbringen:

- Welche Mietwagengesellschaft soll genutzt werden?
- Wer darf welche Wagenklassen buchen?
- Welcher Buchungskanal (in diesem Fall das Online-Portal) soll genutzt werden?

In Unternehmen mit einer Arbeitnehmervertretung kommt bei dem Thema Reiserichtlinie zumindest auch eine Informationspflicht gegenüber dem Betriebsrat ins Spiel. Außerdem sind häufig bei der Einführung neuer Tools die Revision und der Beauftragte für Datensicherheit – sofern im Unternehmen vorhanden – mit einzubeziehen.

▸   Fazit: Über die Reiserichtlinie stellt der Einkäufer sicher, dass Rahmenlieferanten genutzt werden und die festgelegte Qualität gebucht wird.

In Ihrem Rahmenvertrag mit der Mietwagengesellschaft werden Sie wahrscheinlich auch festlegen, wie die Bezahlung der Mietwagen erfolgen soll: Soll der Reisende seine eigene Kreditkarte vorlegen? Statten Sie ihn mit einer Kundenkarte des Mietwagenanbieters aus und lassen Sie Einzelrechnungen oder eine Sammelrechnung an die Firma schicken? Lassen Sie sämtliche Mietwagenrechnungen über eine Firmenkreditkarte abwickeln?

▸   Zwischenruf: Das ist nun wirklich nicht mein Problem! Die Rechnungen werden doch heute auch irgendwie bezahlt!

Da haben Sie Recht, die Zahlung von Rechnungen oder die Bestellung von Kreditkarten ist nicht Ihre Baustelle. Wie bei anderen Projekten in Unternehmen passiert es nach meiner Erfahrung aber immer wieder, dass derjenige, der etwas Neues einführt, plötzlich auch für angrenzende Prozesse mit verantwortlich gemacht wird.

Die Buchhaltung wird sich bei Ihnen beschweren, wenn Sie einen Rahmenvertrag mit einem Lieferanten – hier der Mietwagengesellschaft – schließen und die Rechnungsstellung nicht den Anforderungen des Rechnungswesens entspricht. Das wird auch dann ge-

Abb. 1.2 Rolle des
Einkäufers bei dem Einkauf
von Reiseleistungen

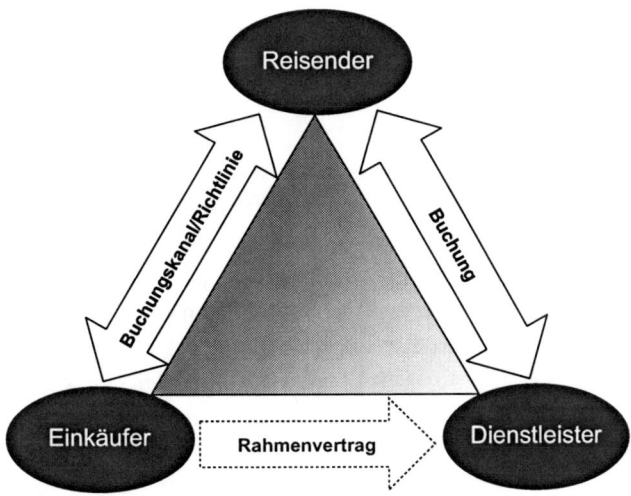

schehen, wenn derselbe Lieferant vorher auch schon diese Rechnungen geschrieben hat
– da hatte man noch keinen Verantwortlichen dafür.

▶   Fazit: Als Verantwortlicher für den Einkauf von Reiseleistungen kümmert sich
     der Einkäufer auch um angrenzende Prozesse wie die Bezahlung.

Bevor wir zu dem Beschaffungsprozess an sich kommen, lassen Sie uns daher noch einen
abschließenden Blick auf die Rolle des Einkaufs beim Einkauf von Geschäftsreisen werfen
(vgl. Abb. 1.2)

Der Einkäufer schließt Rahmenverträge mit Dienstleistern. Das war in unserem Beispiel die Mietwagengesellschaft.

Er macht die von ihm verhandelten Preise für seine internen Kunden, die Reisenden,
zugänglich, indem er einen Buchungskanal veröffentlicht – z. B. das Online-Portal der
Mietwagengesellschaft.

Der Einkäufer nimmt Einfluss auf die Reiserichtlinie – oder veröffentlicht eine Ein-
kaufsrichtlinie, die vorschreibt, dass der von ihm verhandelte Anbieter zu buchen ist, dass
der bereitgestellte Buchungskanal sowie nur bestimmte Wagenklassen zu nutzen sind.

Der Reisende selbst oder ein von ihm bestimmter Vertreter – der Travel Arranger –
nimmt die Buchung vor.

Der Einkauf von Reiseleistungen kann nur erfolgreich sein, wenn Sie diese Facetten insgesamt bedienen. Die reine Verhandlung von Preisen wird Ihnen nichts nutzen, wenn der
Reisende – und damit der Kaufentscheider – nicht den Anbieter nutzt, mit dem Sie verhandelt haben – oder wenn der Kaufentscheider die von Ihnen verhandelten Preise zum
Beispiel nutzt, um eine höhere Wagenklasse zu nehmen.

Ihre Rolle änderte sich dadurch zu der eines Prozessmoderators. Das dürfte Ihnen bekannt sein, wenn Sie ähnliche Güter wie zum Beispiel Marketingagenturen, Büroreinigung

oder Unternehmensberatungen einkaufen. Sie müssen hier sehr eng mit anderen Fachbereichen zusammenarbeiten und sich neben den Preisen auch sehr intensiv mit der Qualität und Spezifizierung der einzukaufenden Güter beschäftigen.

1.3   Der Prozess der Geschäftsreise

Wir gehen später noch intensiv auf die Buchung von Geschäftsreisen und auf die Auswertungsmöglichkeiten von Lieferantendaten ein. In diesem Kapitel wollen wir nur kurz den Prozess der Geschäftsreise von Anfang bis Ende beleuchten. Ein Schaubild soll uns erst einmal die einzelnen Prozessschritte darstellen (siehe Abb. 1.3).

Die **Planung** einer Geschäftsreise wird von dem Reisenden oder seinem Travel Arranger vorgenommen. Der Reisende vereinbart zum Beispiel einen Termin mit einem Geschäftspartner. Wir wissen nicht, ob der Reisende die Kosten für die Reise in seine Planung mit einbezieht – je mehr er das tut, desto besser ist dies für die Gesamtkosten. Wir werden in dem Flugkostenkapitel darauf eingehen, dass eine frühzeitige Buchung des Fluges zu einer erheblichen Reduzierung der Flugkosten führen kann: Je früher der Flug gebucht wird, desto günstiger ist er in der Regel.

▶   Zwischenruf: Und was kann ich als Einkäufer tun, damit der Reisende rechtzeitig bucht?

Der wichtigste Grundsatz ist aus meiner Sicht, dass Sie den Reisenden darüber informieren, dass er die Reise sofort buchen soll, wenn der Termin fest steht. Häufig wird nach meiner Erfahrung die Reisebuchung einfach übersehen, oder aus Unwissenheit zu spät durchgeführt.

Wir besprechen später auch noch, wie sie mit Vergleichszahlen darstellen können, dass sich rechtzeitiges Buchen lohnt und dass Geld eingespart werden kann, wenn die Mitarbeiter daran denken. Insofern können Sie Ihre Kommunikation durch ein Controlling unterstützen.

Sie können dem Reisenden auch ein Reiseplanungstool zur Verfügung stellen. Die meisten Reisenden surfen bei Terminabsprachen im Internet, z. B. auf der Lufthansaseite. Sie müssen ja herausfinden, wie sie am besten zu ihrem Termin kommen. Darum interessiert sie vor allem die Flugverbindung, um eine passende Zeit für den Termin festzulegen. Wenn Sie dem Reisenden ein Tool zur Verfügung stellen, mit dem er sich schnell über Verbindungen informieren kann und mit wenigen Klicks die ausgesuchte Reise buchen kann, wird er das der Erfahrung nach auch tun. Hier sieht der Buchende auch gleichzeitig die Kosten der Reise und richtet sich gegebenenfalls sogar in der Terminplanung nach den Reisekosten. Er könnte den Termin um eine Stunde nach hinten oder vorn verschieben, wenn zum Beispiel der Preisunterschied einer Flugbuchung nennenswert ist. Wir besprechen diese Online-Tools in Kap. 3.5. Ein Vorteil der Online-Tools ist auf jeden Fall, dass

Abb. 1.3 Der Prozess der
Geschäftsreise

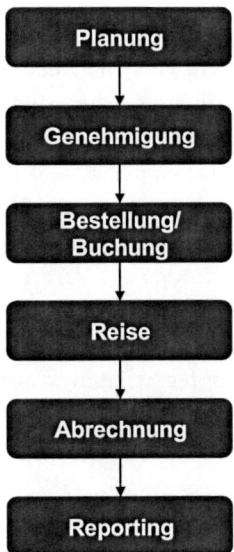

die Reisebuchung parallel zur Reiseplanungsphase stattfinden kann und der Reisende ein professionelles Tool für die Reiseplanung an die Hand bekommt.

▶ Fazit: Je besser Reisekosten in die Reiseplanung mit einbezogen werden, desto günstiger wird die Reise, insbesondere durch frühzeitiges Buchen und durch eine Markttransparenz in der Phase der Reiseplanung.

Ein **Genehmigungsprozess** vor der Reise findet nicht immer statt und ist auch nicht zwingend erforderlich. Er besagt, dass der Reisende nicht direkt buchen darf, sondern sein Vorgesetzter vor Auslösung der Buchung per Unterschrift oder automatisiert in digitaler Form die einzelne Reise genehmigen muss. Hier gibt es unterschiedliche Möglichkeiten, die Genehmigung abzubilden – zum Beispiel in den oben erwähnten Online-Tools. Aus Einkaufssicht lohnt sich der Genehmigungsprozess nur dann, wenn im Unternehmen die Bereitschaft besteht, Geschäftsreisen zu vermeiden. Die Reisevermeidung spielt in Unternehmen dann eine große Rolle, wenn Kosten in großem Stil eingespart werden müssen. Der Genehmiger muss aber in der Lage sein, Reisen auch tatsächlich abzulehnen oder deutlich in den Reisestandard einzugreifen.

▶ Fazit: Eine Genehmigung vor der Reise sollte nur vorgesehen werden, wenn der Vorgesetzte tatsächlich kontrolliert.

Die **Reisebuchung** ist natürlich der zentrale Punkt des Prozesses. Hier trifft der Reisende die tatsächliche Einkaufsentscheidung: Welche Mietwagenklasse wird gebucht, welcher Flug soll es sein und in welchem Hotel will ich übernachten.

Der Einkäufer muss diesen Prozessschritt ganz erheblich steuern, wie wir oben an dem einfachen Beispiel der Mietwagenbuchung schon gesehen haben. Insbesondere bei der Flugbuchung wird dieser Prozessschritt vom Reisebüro unterstützt werden – sei es durch eine persönliche Beratung oder in Form eines Online-Tools. Wir werden in dem Flugkapitel (Kap. 4.1) sehen, dass es beim Flugpreis vor allem darauf ankommt, den zum Zeitpunkt der Buchung besten Flugtarif zu finden. Der Einkäufer kann diesen Prozess am besten unterstützen, indem er das richtige Reisebüro als Partner sucht und dem Buchenden zur Verfügung stellt. Das Reisebüro übernimmt in dieser Phase auch häufig die Kontrolle darüber, dass die Reiserichtlinie eingehalten wird – im Flug ganz einfach, dass keine First- oder Business-Class-Tickets gebucht werden sondern zum Beispiel nur Tickets in der Economyklasse. Außerdem muss der Einkäufer sicherstellen, dass seine Rahmenverträge in dem Prozessschritt der Reisebuchung vom Reisebüro oder dem Online-Tool berücksichtigt werden.

▶   Fazit: Mit der Buchung vollzieht der Reisende den tatsächlichen Einkauf. Der Einkäufer muss diesen Prozess durch Vorgaben steuern, um die Reduzierung von Kosten nachzuhalten.

Mit der **Reise** an sich haben Sie als Einkäufer erst einmal wenig zu tun. Auch diesen Prozess können Sie aber unterstützen, indem Sie dem Reisenden wichtige Funktionen des Reisebüros zugänglich machen: Eine 24-Stunden-Notfallnummer zum Beispiel, an die der Reisende sich für Umbuchungen wenden kann, wenn er unterwegs strandet. Seit einigen Jahren bieten die Reisebüros Sicherheitssysteme an, in die sie sämtliche Buchungsdaten Ihrer Reisenden einspeisen und über die sie Sicherheitswarnungen steuern, z. B. bei Naturkatastrophen, Bürgerkriegen etc. Im Notfall kann lokalisiert werden, welche Reisende sich in dem betroffenen Gebiet befinden (siehe Kap. 12).

Auch die Zahlung während der Reise können Sie unterstützen, indem Sie einen Rahmenvertrag für Kreditkarten verhandeln. In der Reisebranche wird derzeit stark diskutiert, inwiefern man Reisende durch die Herausgabe von Reise-Apps unterstützen kann. Reisebüros arbeiten an sogenannten „door to door"-Konzepten, wollen also über die Flugbuchung hinaus dem Reisenden den Weg von seiner Privatwohnung zum Flughafen und den Weg vom Zielflughafen zu ihrem eigentlichen Ziel bahnen.

In der **Reisekostenabrechnung** rechnet der Reisende seine Belege ab, die er während der Reise verauslagt hat: Taxiquittungen, Bewirtungsrechnungen und insbesondere Hotelrechnungen. Hier ist auf jeden Fall ein Genehmigungsschritt eingebaut: Reisekostenabrechnungen werden nahezu immer von dem Vorgesetzten genehmigt. Obwohl es für die Reisekostenabrechnung webbasierte einfache Tools gibt, wird in vielen Unternehmen immer noch mithilfe von handgestrickten Excel-Tools abgerechnet. Sie sind als Einkäufer in der Regel nicht zuständig für die Reisekostenabrechnung. Das ist sehr schade, denn diese unterschiedliche Zuständigkeit führt bei den meisten Unternehmen hier zu einem erheblichen Prozessbruch.

Dieser Prozessbruch zeigt sich für Sie wieder im letzten Schritt, dem **Reporting**. Der Begriff Reporting bezieht sich auf Auswertungen darüber, wie sich die Reiseausgaben Ihres Unternehmens zusammensetzen. Welche Flugverkehrsgesellschaften, welche Hotels und welche Mietwagengesellschaften werden genutzt? Was sind die Durchschnittspreise? Wie schon einleitend erwähnt liefern Ihnen Ihre internen Systeme kein geeignetes Lieferantenreporting. Die meisten Hotelumsätze landen zum Beispiel in der Reisekostenabrechnung. Sie wissen dann aber nicht, in welchen Hotels übernachtet wurde, das ist in der Regel also nicht auswertbar. Sämtliche Buchungen über ein Reisebüro und sämtliche Abrechnungen über Kreditkarten dagegen sind über externe Tools der Lieferanten auswertbar. Wir arbeiten daher im Reisebereich mit zusätzlichen Auswertungen der Dienstleister.

▷   Fazit: Ein gutes Reporting ist die Grundlage für zukünftige Verhandlungen mit Reiselieferanten und für das Controlling des Reiseeinkaufs.

Marktüberblick

2

Wir wenden uns jetzt dem Business-Travel-Markt zu. Beim Gespräch des Einkäufers mit Anbietern im Bereich Geschäftsreisen gibt es häufig ein Kommunikationsproblem. Jede Anbietergruppe spricht ihr eigenes Fachkauderwelsch. Der Einkäufer sieht sich ungewohnten Begrifflichkeiten ausgesetzt. Leider können die Kundenbetreuer der Anbieter ihre eigenen Fachbegriffe häufig nicht klar definieren, sie gehen immer noch sehr wenig auf den Kunden ein. Der Einkäufer ist daher gezwungen, Fachbegriffe zu lernen. Damit dieses Praxisbuch dem Einkäufer dabei hilft, werde auch ich Fachbegriffe benutzen, allerdings werden sie erklärt.

2.1 Business-Travel-Markt in Deutschland

Die in Deutschland ansässigen Unternehmen geben im Jahr ca. 44,8 Mrd. € für Geschäftsreisen aus.[1] Darin enthalten sind Kosten für Flüge, Bahnreisen, Mietwagenbuchungen und Übernachtungen in Hotels. Abzugrenzen von diesen Werten sind die Kosten für Tagungen, Incentives, Messen und Kongresse. Diese machen einen noch größeren Wert aus, sind aber nicht Thema dieses Handbuchs.

Die durchschnittliche Dauer der Geschäftsreisen sinkt seit Jahren, die Reisen werden kürzer, 2011 waren es durchschnittlich 2,0 Tage pro Geschäftsreise.[2] Auch die durchschnittlichen Kosten der Geschäftsreise sind gesunken, in den Jahren 2007 bis 2011 von 316 € auf 296 €.[3] Diese Werte spiegeln die Kosteneinsparungsbemühungen vieler Unternehmen wieder. Der Geschäftsreisende muss seine Aufgaben in kürzerer Zeit verrichten. Die Unternehmen werden auch beim Reisen immer preissensibler, sei es durch einen optimierten Einkauf oder aber durch den Verzicht auf Reisekomfort. Neben diesen Kosten-

---

[1] Entnommen aus der Geschäftsreiseanalyse 2012 des VDR (Verband Deutsches Reisemanagement).

[2] Ebenda.

[3] Ebenda.

R. Mahnicke, *Business Travel Management*,
DOI 10.1007/978-3-658-02933-3_2, © Springer Fachmedien Wiesbaden 2013

einsparungen werden Reisen auch immer mehr vermieden und zum Beispiel durch Video- oder Webkonferenzen ersetzt.

Auf dem Markt der Anbieter gibt es nur einige wenige, die sich ausschließlich auf den Geschäftsreisenden konzentrieren. Die meisten Anbieter lasten ihre Kapazitäten durch Angebote im touristischen Bereich als auch im Geschäftsreisebereich aus. So lebt zum Beispiel ein Hotel im innerstädtischen Bereich von den Touristen am Wochenende und einem Mix von Touristen und Geschäftsreisenden in der Woche.

Bei dem folgenden Marktüberblick beschränke ich mich auf die Darstellung der Hauptmärkte Flug, Bahn, Hotel und Mietwagen. Die etwas spezielleren Anbieter wie Visumbesorger, Taxikonsolidierer, Parkplatzserviceunternehmen usw. werden nicht dargestellt, da es den Rahmen sprengen würde. Zur Optimierung dieser Märkte s. a. Kap. 4.5.

▶   Fazit: Die Lieferanten auf Anbieterseite bedienen nicht nur den Geschäftsreise- markt sondern vor allem auch den touristischen Markt.

2.2   Airlinemarkt

In den Monaten, in den dieses Buch entstand, vollzog sich in Deutschland eine Wende im Airlinemarkt, die den vorläufigen Schlusspunkt unter eine Entwicklung zu einem Low-Cost-Konzept der Luftverkehrsgesellschaften (Airlines) setzt: Die Lufthansa als Marktführer in Deutschland (wir sprechen hier auch vom „Homecarrier" – die führende Luftverkehrsgesellschaft im Heimatmarkt) gibt ab dem Sommer 2013 die meisten innerdeutschen Strecken und viele europäische Strecken an ihre Tochter Germanwings ab. Die Germanwings ist ein sogenannter Low-Cost-Carrier, ein Billiganbieter also im Gegensatz zur Mutter Lufthansa, die man als Linienfluggesellschaft kennzeichnen kann. Beide Konzepte unterscheiden sich prinzipiell durch die in Tab. 2.1 dargestellten wesentlichen Merkmalen.

Diese Tabelle zeigt Ihnen die Unterschiede zwischen Linienfluggesellschaft und Low-Cost-Carrier in idealtypischer Form – oder wie es war, als Low-Cost-Carrier Anfang der Jahrtausendwende aufkamen. Mittlerweile haben sich beide Konzepte einander angenähert. Das kann man am besten an Air Berlin sehen: Air Berlin basiert auf einem touristischen Konzept und hat seit einigen Jahren auch den deutschen Geschäftsreisemarkt erobert. In der Anfangsphase hat man vor allem Punkt-zu-Punkt-Verbindungen innerhalb Deutschlands angeboten. Man startete als ein typischer Low-Cost-Carrier. Über die Jahre hat sich Air Berlin immer mehr in Richtung einer Linienverkehrsgesellschaft entwickelt, die es heute für den innerdeutschen Markt eindeutig ist: Man kann Air Berlin über das Reservierungssystem (siehe Kap. 3.1.) buchen, über das Reisebüro bezahlen und man kann spezielle Firmentarife verhandeln. Mittlerweile hat sich Air Berlin mit internationalen Partnern zusammengetan und bietet auch Umsteigeverbindungen an. Diese widersprechen dem reinen Low-Cost-Carrier-Prinzip: Hier werden nur sogenannte Punkt-zu-Punkt-Verbindungen vermarktet – Flüge von A nach B also ohne Umstieg (im Reisekauderwelsch „Point to Point")

Tab. 2.1 Unterschiede Linienfluggesellschaft und Low-Cost-Carrier

	Linienfluggesellschaft	Low-Cost-Carrier
Streckennetz	Innerdeutsch, europäisch, interkontinental mit Umsteigemöglichkeiten, erweiterte Strecken durch Allianzen mit anderen Gesellschaften	Innerdeutsch und europäisch, nur Point-to-Point-Verbindungen
Reservierung	Reservierungssysteme, Web-Portale, eigene Internetseite	Eigene Internetseite, Web-Portale und Reservierungssysteme eingeschränkt
Tarife	Viele öffentliche Tarife (published fares), Kundentarife (corporate fares, negotiated fares), Sonderangebote auf Internetseiten (web fares)	Internettarife, in Ausnahmefällen auch Kundentarife, vereinfachte Modelle
Service	Einchecken an Flughafen-schaltern und im Web, Freigepäck, kostenloser Service an Bord (Getränke, z. T. Speisen), Buchung und Umbuchung über Reisebüros, Koffer werden vom Abflug bis zum Ziel durch transportiert, Kundenbindungsprogramme: Meilenprogramme, Lounges am Flughafen, Apps mit Verspätungsmeldung und Check-In-Funktionalität	Buchung und Einchecken über das Web, Gepäck kostenpflichtig, Service an Bord kostenpflichtig
Zahlung	Zahlung an das Reisebüro möglich	Zahlung nur über persönliche Kreditkarte des Reisenden
Beispiele	Lufthansa, British Airways, Air France, KLM, SAS	Germanwings, Ryan Air, Easy Jet, TuiFly

Wer einmal einen typischen Low-Cost-Carrier erleben möchte, der sollte einen Anbieter jenseits des Ärmelkanals nutzen und mit Easyjet oder Ryan Air fliegen. Beide sind tatsächlich nur über das Web buchbar, die Umbuchung ist ein komplexer Vorgang, der mit dem Anruf bei einer kostenpflichtigen Telefonnummer verbunden ist. Tatsächlich kann man nur von A nach B fliegen. Man kann zwar einen Anschlussflug buchen, allerdings dann auf eigenes Risiko: wenn man zu spät in B ankommt, muss man einen neuen Flug buchen. Das Gepäck wird ebenfalls nur von A nach B transportiert und muss vom Reisenden für einen Anschlussflug wieder eingecheckt werden. Ryan Air startet und landet meist nicht an den Hauptflugplätzen sondern auf kleinen (billigeren) Flugplätzen wie zum Beispiel in Frankfurt (Hahn) oder Hamburg/(Lübeck), also ca. 100 km von der Stadt entfernt.

▶   Zwischenruf: Ist es nicht auch so, dass ich bei Low-Cost-Carriern alles extra bezahlen, wie z. B. Gepäck?

Das ist richtig. Die Low-Cost-Carrier haben eine lukrative Zusatzverdienstmöglichkeit gefunden, die allerdings heute von vielen Linienverkehrsgesellschaften kopiert wird: So muss für das Gepäck und für Getränke an Bord ein Extra-Entgelt entrichtet werden. Ryan Air berechnet auch für das Einchecken im Web und für die Bezahlung extra – ein Unding, wie die Linienverkehrsgesellschaften zunächst verlauten ließen. Heute zahlt man allerdings auch bei Lufthansa & Co. eine Gebühr, wenn man zum Beispiel mit der Kreditkarte zahlt.

Bisher hat der Low-Cost-Markt in Deutschland für den Geschäftsreisebereich eher eine untergeordnete Rolle gespielt – ganz anders übrigens in Großbritannien oder den USA. Jetzt aber wird die Lufthansa mit der Ausgliederung vieler Strecken zur Germanwings die Klaviatur eine Low-Cost-Konzeptes ganz neu spielen. So werden die Tarife von Germanwings über das Reservierungssystem der Reisebüros buchbar sein, allerdings nicht der günstigste Tarif. Dieser wird nur über die Internetseite von Germanwings buchbar sein. Allein dadurch wird man versuchen, Vertriebskosten zu sparen, denn der Vertriebsweg Reisebüro ist ein teurer für die Airlines (siehe Kap. 3.4).

Für eine Linienverkehrsgesellschaft ist es auf der anderen Seite wichtig, dass sie ihre Kunden über ein weitverzweigtes Streckennetz bedienen kann. Daher wird die Lufthansa die sogenannten „Hubs" Frankfurt und München selbst bedienen. Hubs sind Umsteigeflughäfen, über die vor allem der interkontinentale Verkehr sternförmig konzentriert wird. Es gibt zum Beispiel nach Nordamerika kaum noch andere Lufthansaverbindungen als über Frankfurt umzusteigen. Für British Airways gilt das gleiche für London, für Air France für Paris usw. Man kann daher an diesem Beispiel sehr schön sehen, dass sich der Markt in eine interkontinentalen und einen kontinentalen Markt teilt, wobei letzterer den nationalen Markt umfasst.

▶   Fazit: Die Low-Cost-Anbieter gewinnen auch in Deutschland für den Geschäfts-
        reisebereich an Bedeutung. Low-Cost-Carrier bedienen vor allem den nationa-
        len und europäischen Markt mit Punkt-zu-Punkt-Verbindungen.

Wichtig! Diese Definition in Streckenbereiche sollten Sie kennen (siehe Tab. 2.2).

Um nicht alle Strecken bedienen zu müssen, schließen die Airlines Allianzen. Mithilfe der Allianzen erweitern die Airlines das eigene Streckennetz. Große Allianzen derzeit sind zum Beispiel die Star Alliance, in der die Lufthansa Mitglied ist, oder One World, an der sich Air Berlin und z. B. British Airways beteiligen, KLM und Air France zum Beispiel finden sich in der Allianz Skyteam wieder. Die Airlines innerhalb der Allianzen teilen sich einige Strecken. Reisende merken das zum Beispiel daran, dass sie einen Lufthansaflug gebucht haben, aber mit einem SAS-Flugzeug transportiert werden. Ein Flug hat dann häufig zwei Flugnummern, man nennt das im Fachjargon „Codesharing". Für die Airlines bietet dieses System den Vorteil, dass sie ein umfangreiches Streckennetz mit einer geringeren Anzahl an eigenem Fluggerät bedienen kann.

▶   Fazit: Allianzen helfen Liniengesellschaften dabei, ein verzweigtes Streckennetz
        aufzubauen. Strecken werden dabei nur von einem der Partner für alle bedient.

Die traditionelle Einteilung der Flugklassen in First, Business und Economy hat sich im Laufe der Zeit verändert. Die First-Klasse wird nur noch auf interkontinentalen Strecken angeboten, die Businessklasse innerdeutsch nur von traditionellen Linienfluggesellschaf-

Tab. 2.2 Definition Streckenbereiche

Bezeichnung	Definition	Deutschland
national	innerhalb eines Landes	innerdeutsche Strecken
kontinental/regional	innerhalb eines Kontinents	europäisch
interkontinental	Langstrecke über Kontinentgrenzen hinaus	von Europa in andere Kontinente

ten. Dafür hat mit der Economy Plus oder Premium Economy eine Zwischenklasse zwischen Economy und Business auf interkontinentalen Strecken Einzug gehalten. Diese wird (noch) nicht von allen Airlines angeboten. Die Klasse bietet größeren Sitzabstand und bessere Verpflegung. Sie bietet allerdings längst nicht so viel Raum wie die Businessklasse, die auf interkontinentalen Strecken mit Sitzen, die auf 180 Grad ausklappbar sind, wirbt. Preislich liegt die neue Klasse ebenfalls zwischen Business und Economy.

Global gesehen verschieben sich die Marktanteile der Airlines in Europa von den ehemaligen Platzhirschen Lufthansa, British Airways und Air France/KLM zum einen zu den Low-Cost-Carriern und zum anderen zu den sogenannten Staatsairlines im Orient: Die größte Airline nach Passagieranzahl in Europa ist der irische Low-Cost-Carrier Ryan Air[4]. Emirates und Ethihad bieten gerade in Deutschland attraktive Tarife für den Geschäftsreisenden an. Dahinter steckt auch ein Konzept, Umsteigeverbindungen über die Heimatbasis der Gesellschaften in Dubai und Abu Dhabi zu schaffen, möglichst mit einer Übernachtung in diesen Staaten verbunden. In Europa kommt derzeit mit Turkish Airlines ein alter Player in neuem Gewand und neuem Fluggerät ebenfalls preisaggressiv auf den Markt. In der Nähe von Istanbul soll der größte Umsteigeflughafen Europas entstehen mit einem geplanten Fertigstellungsdatum 2016.[5] Die asiatischen Airlines sehen nicht länger zu, dass nur deutsche Carrier die Geschäftsreisenden nach Asien bringen. Auch sie werben um die deutschen Kunden. Die größten Airlines der Welt sind übrigens drei amerikanische, nämlich Delta Airlines, Southwest Airlines und American Airlines. Das liegt unter anderem an dem großen Heimatmarkt, denn das gilt für fast alle Staaten der Welt: Die Reisenden fliegen am liebsten mit dem Homecarrier. Die Deutschen nehmen die Lufthansa, die Briten British Airways und die Franzosen Air France. Das hat Auswirkungen auf die Preise dieser Carrier in ihrem Heimatland, sie sind dort häufig nicht nur Marktführer, sondern auch Preisführer.

2.3   Bahn

Der Markt der Bahnbetreiber in Deutschland ist immer noch schnell beschrieben: Zwar hat die Bahn in regionalen Märkten eine Konkurrenz bekommen, im Fernverkehr und von Nachfrageseite her bleibt es aber weitgehend bei dem Bahnmonopol – es gibt nur den einen Anbieter.

---

[4] Handelsblatt online, 05.03.2012.
[5] Handelsblatt 6.6.2012.

Dagegen tritt die Bahn immer häufiger als Konkurrent zu Airlines auf, manchmal gar nicht so zum Verdruss der Airlines, wenn nämlich unrentable Strecken an die Bahn vollständig abgegeben werden (so zum Beispiel geschehen bei der Strecke Hamburg – Berlin). Die Bahn kann mit dem wohl geringsten CO_2-Ausstoss pro Reisenden werben und gilt als umweltfreundlichstes Verkehrsmittel. Eine Steuerung von Flugreisen auf die Bahn findet daher in einigen Unternehmen auch aufgrund der Ökobilanz des Unternehmens statt.

Gerade versucht einmal wieder eine private Bahngesellschaft mit zwei täglichen Verbindungen zwischen Hamburg und Köln das Bahnmonopol aufzubrechen. Insgesamt aber führt um das Unternehmen Deutsche Bundesbahn kein Weg herum.

Bezüglich des Vertriebes hat gerade die Bahn den Geschäftsreisemarkt in den letzten Jahren revolutioniert. Angefangen mit einem Onlineauftritt mit einer Buchungsmöglichkeit und dem Ausdruck von Onlinetickets ist das Bahnportal derzeit das meist genutzte Online-Buchungs-Portal in Deutschland. Auch den Übergang in die App-Technologie hat die Bahn fast spielerisch genommen: Über die App der Bahn lassen sich sämtliche Verbindungen inklusive Verspätungsmeldungen abrufen. Neuerdings kann man mit der App die Bahnfahrkarte auf dem Smartphone direkt erwerben. Zur Einbindung dieser Tools in ein Firmenprogramm kommen wir allerdings später noch.

Seit 2012 tut sich für die Bahn vermehrt eine Konkurrenz durch Buslinien auf, die im niedrigen Preissegment und geringer Frequenz Verbindungen zwischen verschiedenen Städten aufbauen. Ursache hierfür ist die Aufweichung des Bahnmonopols durch gerichtliche Instanzen. Der deutsche Markt wird dadurch auch für Betreiber aus Ländern attraktiv, die schon Erfahrung auf diesem Gebiet haben: Die britische Busgesellschaft National wird in den deutschen Markt einsteigen. Für den Geschäftsreisemarkt ist diese Entwicklung aber zunächst noch untergeordnet.

2.4 Hotel

Der Hotelmarkt in Deutschland ist ein Wachstumsmarkt. In 2011 stieg die Anzahl der Hotelübernachtungen in Deutschland um 3,6 %. Dabei sind es weniger die inländischen Geschäftsreisenden, die den Hotelmarkt ankurbeln, sondern vor allem ausländische Gäste – sowohl Touristen als auch Geschäftsreisende.[6] Hotels leben meist von einem Dreiklang aus touristischem Angebot, Geschäftsreisenden und Tagungsteilnehmern. Ca. ein Drittel sämtlicher Übernachtungen in Deutschland gehen auf Veranstaltungen, also Tagungen, Messen oder Kongressen zurück und nicht auf die typische Einzelübernachtung während einer Geschäftsreise.[7]

Der Hotelmarkt ist zum einen ein Kettenmarkt: Die führenden Ketten in Deutschland teilen sich den Markt wie in Abb. 2.1 dargestellt.[8]

---

[6] Deka Bank: Hotelmarkt Deutschland 2012.

[7] Ebenda.

[8] Daten der AGHZ, Deka Bank.

Ketten	Anzahl Hotels	Umsatz in Mio.
Accor	330	819,0
Best Western	189	632,2
Intercontinental	69	511,5
Maritim	37	373,8*
Starwood Hotels & Resort	29	364,0*
Steigenberger	66	359,5
Hospitality Alliance	69	296,3
NH Hoteles	61	268,0
Mariott	28	260,3
Grand City	103	250.3

Abb. 2.1 Führende Hotelketten in Deutschland

Daneben gibt es aber weiterhin eine große Anzahl unabhängiger Hotels, die durch lokale Nähe zu den Standorten von Unternehmen eine große Rolle im Geschäftsreisebereich spielen.

Im Geschäftsreisebereich sind zwei Tendenzen bezüglich der Hotelklassen zu beobachten: Ein wichtiger Markttrend ist die verstärkte Akzeptanz von Zwei-Sterne-Hotels durch Geschäftsreisende. Insbesondere die Motel One Gruppe hat in 2011 ein Wachstum von 43 % erlebt.[9] Motel One, B&B und Meininger sind allesamt Konzepte, die das Hotelprodukt auf einen eingeschränkten Service reduzieren – so wird auf Zimmertelefon und Minibar verzichtet. Dafür bieten diese Hotels Sauberkeit und einen modernen Stilauftritt, sodass der Geschäftsreisende sich hier wohlfühlt.

Am anderen Ende der Qualitätspalette wird der hochpreisige Hotelmarkt immer mehr durch Reiserichtlinien abgeschnitten, die die maximale Übernachtungsrate auf 100 bis 120 € oder noch darunter festlegen. Dadurch ergibt sich häufig ein Vier-Sterne-Produkt als maximale Kategorie für den Großteil der Geschäftsreisenden.

▶ Fazit: Der Hotelmarkt ist ein wachsender Markt. Im Geschäftsreisemarkt liegen vor allem der zwei- bis vier Sterne Bereich im Fokus. Der Markt der Budgethotels legt dabei am deutlichsten zu.

Vertrieblich gesehen ist auch der Hotelmarkt ein innovativer Portalmarkt, in Deutschland vor allem durch die Kölner HRS getrieben, die seit 2011 den Konkurrenten hotel.de auch noch mehrheitlich übernommen haben. Die Hotels versuchen ähnlich wie die Airlines den Direktvertrieb – vor allem über eigene Internetseiten – zu verstärken. Hier wird einem dann zum Beispiel ein Extra wie das Willkommensgetränk oder aber auch eine günstigere

---

[9] Deka Bank, Hotelmarkt 2012.

Rate wie im Hotelportal angeboten. Das allerdings zu Lasten eines transparenten Marktes, wie er im Hotelportal geboten wird.

2.5 Mietwagen

Der Mietwagenmarkt in Deutschland wird von fünf Mietwagengesellschaften beherrscht (siehe Abb. 2.2).

Neben den Marktführern gibt es mittelständische Mietwagenanbieter, die insbesondere im regionalen Zusammenhang interessant sein können, wenn zum Beispiel die großen Anbieter keine Station in der Nähe des Firmenstandortes haben. Auf den mittelständischen Anbietern lastet ein hoher Konsolidierungsdruck, der Markt wird sich hier noch weiter bereinigen.

Vom Angebot her unterscheiden die Mietwagenanbieter verschiedene Mietwagenklassen und Mietdauern. Prinzipiell ist der Markt für PKW und für LKW sehr unterschiedlich, für den Geschäftsreisebereich ist meist der PKW-Bereich relevant. Mit zusätzlichen Produkten wie insbesondere einem Reporting, einer konsolidierten Abrechnung, Schnittstellen zu anderen Systemen etc. sind Mietwagengesellschaften stark auf den Geschäftsreisebereich fokussiert.

Die derzeit stärksten Innovationen auf dem Mietwagenmarkt bietet die Integration des Car Sharing in die Produktpalette: Gerade in den Städten sind hier lokale Anbieter (z. B. Car2go) oder das Flinkster-Angebot der Deutschen Bahn auf dem Vormarsch. Aber auch die größeren Leasinggesellschaften (Alpha City von Alphabet) oder die Mietwagengesellschaften (Hertz on Demand) springen auf diesen wachsenden Markt auf. Mit diesen Produkten können die Reisekosten an Zielorten durch die „Just-in-Time"-Nutzung gesenkt werden. Die flexible Gestellung der PKW über Apps, elektronische Schlüssel usw. deckt sich mit den Reisebedürfnissen im Business Travel, immer flexibler zu reagieren. Man sitzt sozusagen beim Mittagessen, bekommt einen überraschenden Termin herein und sieht in seiner App nach, ob ein Fahrzeug in der Nähe verfügbar ist.

Abb. 2.2 Marktanteile Mietwagengesellschaften in Deutschland. (Quelle: Eigene Aufstellung nach Aussagen der Anbieter)

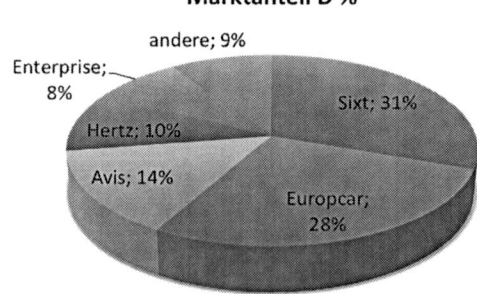

Für die Mietwagengesellschaften könnte das ein zusätzlicher Markt sein. Große Unternehmen haben schon den eigenen Fuhrpark reduziert und stattdessen Car-Sharing-Abkommen für ihre Mitarbeiter geschlossen.

Auch zum Leasing von Fahrzeugen für das Personal gibt es Überschneidungen: Gerade zur Überbrückung von Zeiträume zwischen Abgabe des alten PKW und Bezug des neuen PKW oder auch für die flexible Versorgung von Mitarbeitern während der Probezeit bietet die Langzeitmiete eine gute Alternative.

Vermittler und Portale 3

3.1 Reservierungssysteme

Im vorherigen Kapitel haben wir beim Thema Airlines schon einen Eindruck gewonnen, wie komplex dieser Markt ist: Die Strecken werden von unterschiedlichen Airlines zu unterschiedlichen Zeiten bedient. Es gibt hier auch eine ständige Bewegung, Strecken und Frequenzen werden mit jedem Flugplan verändert. Darüber hinaus haben wir immer eine begrenzte Verfügbarkeit: Wenn die Maschine voll ist, kommt man nicht mehr mit. Zu der preislichen Komponente kommen wir später noch, aber selbst als Laien wissen wir, dass wir es im Airlinegeschäft eine große Tarifvielfalt gibt.

Als technische Grundlage haben die Reisebüros zur Bewältigung dieser Datenvielfalt ihr ureigenes technisches System – das Reservierungssystem (CRS: Computer Reservation System). Das CRS ist eine große Datenbank mit einer Verbindung zu den Rechnern der Leistungsanbieter. Die Technik kam ursprünglich aus dem touristischen Bereich – als Übersicht über die Angebote und Vakanzen bei Pauschalreiseanbieter. Es haben sich aber für den Business-Travel-Bereich weltweit eigene Reservierungssysteme gebildet. Leider sind es nicht weltweit dieselben Reservierungssysteme. In Deutschland ist es die Firma Amadeus mit dem gleichnamigen Produkt, die den Markt beherrscht, andere Systeme sind Sabre im angelsächsischen und nordamerikanischen Markt, Galileo in Südeuropa und Abacus in Asien.

▶ Fazit: Reservierungssysteme sind Arbeitsmittel der Reisebüros. Durch eine direkte Anknüpfung mit den Rechnern der Anbieter ermöglichen sie einen Überblick über freie Plätze, deren Preise und die Buchung.

Die Reservierungssysteme bieten dem Agenten im Business-Travel-Reisebüro (auch Business-Travel-Agent) einen Überblick über folgende Bereiche:

R. Mahnicke, *Business Travel Management*,
DOI 10.1007/978-3-658-02933-3_3, © Springer Fachmedien Wiesbaden 2013

- Flug
- Bahn
- Hotel
- Mietwagen
- Fähren

Für sämtliche Bereiche bestehen Direktverbindungen zu den Rechnern der Leistungsanbieter. Dadurch sieht der Agent sofort, welche Plätze zum Beispiel in einem Flugzeug noch verfügbar sind und zu welchem Tarif, also welchem Preis und zu welchen Buchungsbedingungen sie verfügbar sind. Der Reisebüroagent führt direkt in dem System die Buchung durch. In Real Time wird dann die Buchung auch im Rechner des Leistungsträgers durchgeführt. Dadurch kann es nicht passieren, dass ein Platz zweimal vergeben wird.

Auch wenn man es heute nicht mehr unbedingt merkt, braucht man zum Reisen meistens ein Ticket. Im Bahnverkehr kennen einige heute noch die Papiertickets, die vom Reisebüro ausgestellt werden und physisch zum Kunden gebracht werden müssen. Das gleiche System gab es früher auch bei Flugtickets. Im Laufe der Zeit verschwanden die Papiertickets vom Markt und wurden durch **elektronische Tickets** ersetzt. Für eine Flugbuchung in einem Reservierungssystem muss auch heute ein Ticket ausgestellt werden, als sogenanntes e-Ticket. Erst durch diesen Prozess wird der Buchungscode, den Sie für das Einchecken nutzen, nutzbar. Der Ticketprozess ist gleichzeitig auch ein Abrechnungsprozess. Es muss beim Ticketing die Zahlung des Tickets geregelt werden: Erhalten Sie als Firma eine Rechnung, rechnen Sie über eine zentrale Firmenkreditkarte ab oder bezahlt der Reisende mit einer persönlichen Kreditkarte?

▶   Fazit: Bei Flugbuchungen über das Reservierungssystem wird immer ein Ticket
      ausgestellt – heute in elektronischer Form als e-Ticket.

Im Laufe der Zeit sind die Reservierungssysteme mit weiteren Funktionen versehen worden, die für den Geschäftsreisebereich wichtig sind:

Für die Stammdaten der Firmen und der Personen wurden **Profile** etabliert: In einem Profil finden sich Firmenadresse, eine für die Firma hinterlegte Zahlungsart und andere Daten. In den Personenprofilen finden sich der Name des Reisenden, eventuell seine Kostenstelle und Angaben über die sogenannten persönlichen Präferenzen des Reisenden: Seine Kundenkarten (Miles and more etc., Bahncard u.v.m.), seine Sitzplatzwünsche (Gang, Fenster, Großraum etc.). In beiden Profilarten kann man sämtliche Daten hinterlegen, die später im Prozess benötigt werden, sei es bei der Buchung oder bei Abrechnung und Auswertung der Daten. Wichtig ist, dass diese Daten tatsächlich Stammdaten sind.

▶   Fazit: Stammdaten des Reisenden und des Unternehmens werden im Reservie-
      rungssystem in Profilen gespeichert.

Ein sehr gutes Beispiel, wie man über Profile einen Prozess steuern kann, ist die **Hinterlegung der Reiserichtlinie** des Unternehmens im Firmenprofil. Wenn wir auf unser Beispiel aus dem Kap. 2 zurückkommen, haben Sie vielleicht festgelegt, dass sämtliche Mitarbeiter Ihres Unternehmens bei Mietwagen nur die Golfklasse nutzen dürfen. Diese Information kann im Reservierungssystem hinterlegt werden. Bei Mietwagenbuchungen kann der Agent im Firmenprofil nachlesen und diese Information abrufen.

Für den Abrechnungsprozess liefert das Reservierungssystem eine Möglichkeit, sogenannte **Zusatzdaten** zu erfassen. Das sind Daten, die Ihre Buchhaltung oder Ihr Controlling für die Weiterverarbeitungen der Reisebürorechnungen benötigt. Zum Beispiel können Sie eine Kostenstelle mitliefern lassen oder aber eine Projektnummer – was auch immer Ihre Firma in nachgelagerten Prozessen an Zusatzinformationen benötigt.

3.2 Reisebüros

Die Bedienung der Reservierungssysteme ist relativ komplex und kryptisch. Sie eignet sich nicht für eine direkte Buchung durch Mitarbeiter eines Unternehmens. Die Airlines haben durch ihren internationalen Verbund IATA (International Air Transport Organisation) sogar untersagt, dass jemand, der kein Reisebüro ist, ein Flugticket ausstellen darf. Ein Reisebüro muss eine Lizenz der IATA haben, um Flugtickets über Amadeus ausstellen zu können.

▸   Fazit: Die Ausstellung von Flugtickets ist durch Bestimmungen der IATA Reisebüros vorbehalten.

Das liegt vor allem an der Vermittlerrolle des Reisebüros. Bei Buchungen über das Reservierungssystem gibt es keinen direkten Kontakt zwischen Endverbraucher und Leistungserbringer. Die Abb. 3.1 stellt dieses Zusammenspiel zwischen Leistungserbringer, Reservierungssystem und Reisebüro gegenüber dem Kunden dar.

Im ersten Schritt versorgen die Airlines und die Bahn das Reservierungssystem mit Inhalt, das heißt die Reservierungssystem sind immer auf dem neuesten Stand, welche Tarife in einer Maschine frei und buchbar sind. Man bezeichnet die Informationen, mit denen die Rechner der Leistungserbringer die Reservierungssysteme füttern, als „Content".

Wenn der Kunde einen Buchungswunsch beim Reisebüro äußert, bucht das Reisebüro in dem Reservierungssystem, das wiederum mit dem Rechner des Leistungserbringers kommuniziert. Der gebuchte Platz wird in dem Reservierungssystem und in dem Rechner des Leistungserbringers als vergeben registriert.

Das Reisebüro stellt eine Rechnung an den Kunden und nimmt das Geld von dem Kunden ein.

Das Reisebüro leitet das Geld an eine Clearingstelle für Airlines weiter. Die Clearingstelle bezahlt die Airline.

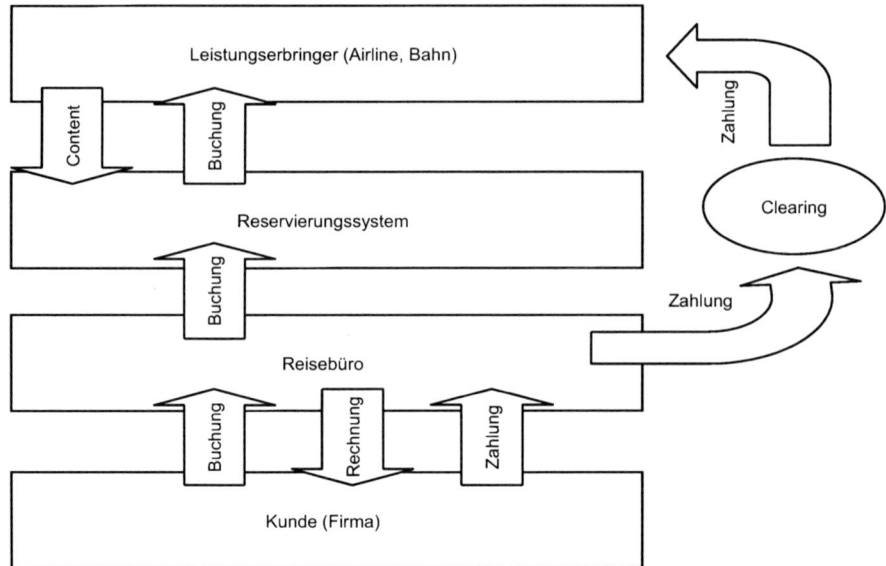

Abb. 3.1 Vermittlerrolle des Reisebüros am Beispiel Airline und Bahn

Die Rechnungsfunktion des Reisbüros bezieht sich ausschließlich auf Flug- und Bahnbuchungen. Nur für diese Leistungen erhalten Sie eine Rechnung vom Reisebüro. Hotel- und Mietwagenbuchungen werden von Reisebüro ebenfalls über das Reservierungssystem aufgeführt. Sie erhalten aber in der Regel keine Rechnung vom Reisebüro sondern der Reisende bezahlt den Mietwagen oder das Hotel direkt vor Ort.

Seit der Etablierung der Low-Cost-Carrier können sich die Reisebüros bei der Recherche nach dem günstigsten Tarif nicht mehr nur auf das Reservierungssystem verlassen. Einige Low-Cost-Carrier sind nur über das Internet buchbar. Sie haben daher in ihren Buchungssystemen auch Tools zur Recherche von Internetpreisen integriert. Ein Reisebüro kann dadurch auch – sofern der Low-Cost-Carrier das zulässt – die Tickets von Low-Cost-Anbietern anfordern.

3.3 Funktionsweise von Firmenkreditkarten

Die Zahlung auf Rechnung ist im Geschäftsreisebereich unüblich. Es haben sich auf dem Markt Anbieter für Firmenkreditkarten etabliert, die den Inkassoprozess vom Reisebüro übernommen haben.

Eine Firmenkreditkarte ist eine virtuelle Karte – also keine Plastikkarte sondern eine reine Vertragsnummer zwischen Ihrer Firma und dem Kreditkartenunternehmen. Sie dient ausschließlich für die Abrechnung über einen Vermittler, zum Beispiel dem Reisebüro. Mit der Karte können keine Internetkäufe getätigt werden und in der Regel auch keine Hotelgarantien vorgenommen werden, sie kann lediglich eingesetzt werden, wenn

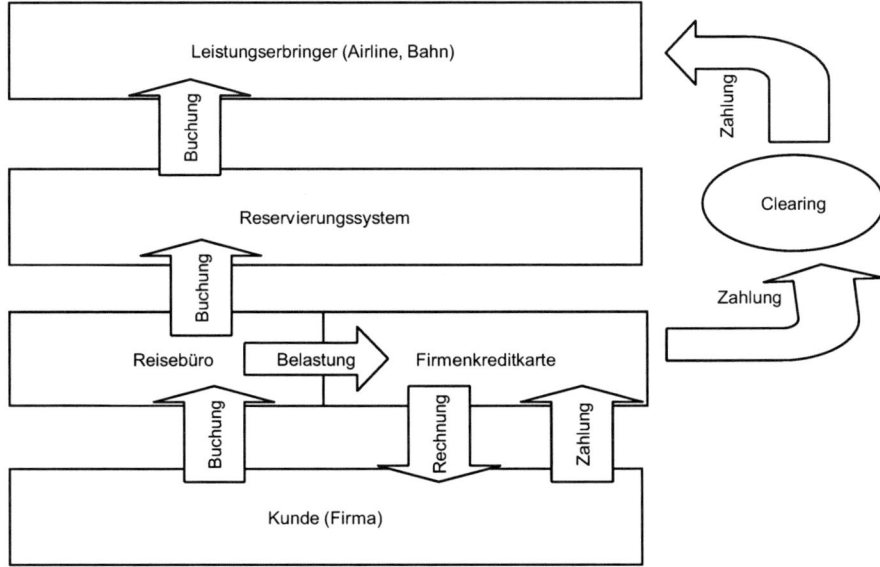

Abb. 3.2 Einsatz einer Firmenkreditkarte im Reisebüro

der Leistungserbringer den Einsatz über eine Rahmenvereinbarung geregelt hat. Das ist insbesondere bei den Linienfluggesellschaften, der Bahn und einigen Mietwagengesellschaften der Fall. Das Reisebüro hinterlegt die Firmenkreditkarte für Ihr Unternehmen im Firmenprofil und verwendet diese Abrechnungsart bei jeder Flugbuchung.

Bei komplexeren Unternehmen ist es wichtig, dass für jedes Unternehmen eine Firmenkreditkarte ausgestellt wird, damit die Rechnungsstellung an die richtige Firma erfolgt. Die Funktionsweise erläutert die Abb. 3.2.

Wie Sie in der Abb. 3.2 sehen verläuft der Buchungsprozess unverändert. Bei der Abrechnung des Tickets aber wird die Firmenkreditkarte verwendet.

Der Kunde erhält daher die Rechnung nicht mehr vom Reisebüro, sondern von der Kreditkartengesellschaft. Das hat für den Kunden den Vorteil, dass er eine Sammelrechnung für sämtliche Flüge erhält, die er im Abrechnungszeitraum bezogen hat.

Die Kreditkartengesellschaften können diese Abrechnungsdaten auch elektronisch liefern und – wenn vom Reisebüro die Zusatzdaten eingetragen werden – auch schon mit der richtigen Kostenstelle und anderen Angaben, die für die Buchung und spätere Auswertung der Rechnungsdaten nötig sind.

Die Firmenkreditkarten können mit persönlichen Kreditkarten, die auf den Namen der Reisenden ausgestellt sind, ergänzt werden – sogenannte Corporate Cards. Hierfür schließt die Firma einen Rahmenvertrag ab und tritt in der Regel auch in eine Mithaftung ein. Die Kreditkarte wird aber dem Bankkonto des Reisenden belastet. Der Reisende lässt sich die Beträge über die Reisekostenabrechnung erstatten. Damit der Reisende nicht in Vorlage treten muss, sind diese Corporate Cards mit einem verlängerten Zahlungsziel von mehreren Wochen versehen. In der Regel kann der Reisende dann zuerst die Reisekostenabrechnung machen, erhält dann das Geld von der Firma auf sein Bankkonto überwiesen, bevor die Kreditkartenabrechnung abgebucht wird. Die Corporate Card eignet sich insbesondere für die Garantie und Bezahlung von Hotels, Low-Cost-Carrier und häufig auch für die Anmietung von Mietwagen. Corporate Cards können aber auch der Bezahlung kleinerer Reiseausgaben wie Taxikosten und Bewirtungskosten dienen. Darüber hinaus kann sich der Reisende im Ausland mit der Corporate Card mit Bargeld versorgen.

Firmenkreditkarte und Corporate Card ergänzen sich somit zu einem Paket, das viele Vorteile bietet: Für den Einkäufer liegen neben dem Liquiditätsvorteil die Hauptvorteile in dem umfangreichen Reporting, das die Kreditgesellschaften über die abgerechneten Einkäufe liefert (siehe Kap. 9.1.2.)

Außerdem bieten die Kreditkartengesellschaften Reiseversicherungen an. Es können sich hier deutliche Vorteile zu bestehenden Gruppenunfallversicherungen auftun.

3.4   Zahlungsströme in der Reisevermittlung

Wir haben jetzt genügend Grundlagen erarbeitet, um uns einmal die Zahlungsströme im Business Travel anzusehen. Das können wir anhand der gleichen Grafik tun, mit der wir uns die Vermittlungstätigkeit des Reisebüros verdeutlicht haben (Abb. 3.3).

Der Leistungserbringer, zum Beispiel die Airline, zahlt für jedes Ticket, das über das Reservierungssystem gebucht wird, eine Listungsgebühr, die sogenannte „Segmentgebühr" (Segment für jede Teilstrecke in einem Ticket). Das sind sozusagen Vertriebskosten für die Airline.

Gleichzeitig zahlt die Airline eine Provision an das Reisebüro. Die Provisionszahlungen im Flugbereich wurden stark minimiert und setzen sich aus Provisionen für einzelne Tickets und Provisionen auf den Gesamtumsatz oder Umsatzzuwächse des Reisebüros zusammen. Im Durchschnitt werden die Reisebüros derzeit mit Airlineprovisionen zwischen ein und zwei Prozent auf den Umsatz erhalten.

Im Hotel- und Mietwagenbereich sind die Provisionen höher. Hier können noch Provisionen von knapp über zehn Prozent auf den vermittelten Umsatz erwirtschaftet werden. Provisionen im Mietwagen und Hotelbereich werden allerdings nur für den freien Verkauf gezahlt, nicht für die Firmenraten, die ein Unternehmen direkt mit dem Leistungserbringer vereinbaren kann. Die Raten sind provisionsfrei.

Das Reisebüro lebt im Business Travel vor allem von den Gebühren, die es für die Vermittlung von Leistungen von den Kunden einnimmt. Hierzu kommen wir im Kap. 6. Im Allgemeinen sind das heute Transaktionsgebühren (Transaction Fee). Diese Gebühren machen den Hauptteil der Reisebüroeinnahmen aus, wodurch auch eine Neutralität der Reisebüros gegenüber den Leistungserbringern gesichert ist. Ansonsten wäre es ja möglich, dass ein Reisebüro aus eigener wirtschaftlicher Motivation nicht den besten Preis für den Kunden ermittelt, sondern das Angebot mit der höchsten Reisebüroprovision.

Mit dem Reservierungssystem hat das Reisebüro zwei Zahlungsströme: Zum einen zahlt das Reisebüro einen fixen Beitrag für die Nutzung des Systems, zum anderen erhält

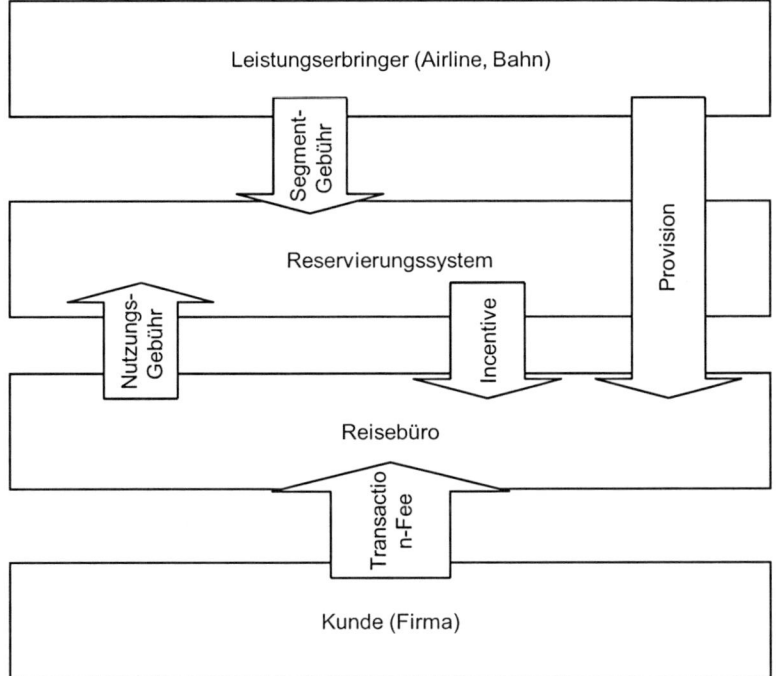

Abb. 3.3 Zahlungsströme in der Reisevermittlung

es eine Vergütung für die über das Reservierungssystem gebuchten Segmente, ein sogenanntes Incentive.

3.5   Online Booking Engines

Online Booking Engines (OBE) werden von Laien oft mit Internetportalen verwechselt.
Das liegt unter anderem daran, dass eine gute OBE mit einer grafischen Oberfläche arbeitet, die man auch auf vielen Internetseiten findet. Die Tendenz ist auch heute, dass Internetportale wie HRS oder die Portale der Bahn in eine OBE eingebunden werden. Auf diese
Integration von Internetportalen in die OBE gehen wir in dem Kap. 4.6. Internetportale
näher ein. Für den Bereich Flug aber ist eine OBE eigentlich nichts anderes als eine Über-
setzung des Reservierungssystems für den Endverbraucher. Über eine OBE können Geschäftsreisende zum Beispiel ihre Flugtickets selbst buchen. Die Funktionsweise lässt sich
an der Abb. 3.4 erklären.

Wie Sie in der Abb. 3.4 sehen, übernimmt die OBE eine Teilfunktion des Reisebüros.
Der Content wird direkt von dem Reservierungssystem in die OBE übertragen.

Durch die grafische Oberfläche kann der Kunde die OBE direkt nutzen und bucht seinen Flug selbst in die OBE ein. Auch diese Information wird über das Reservierungssystem wieder an den Leistungserbringer übermittelt.

Abb. 3.4 Einsatz einer OBE

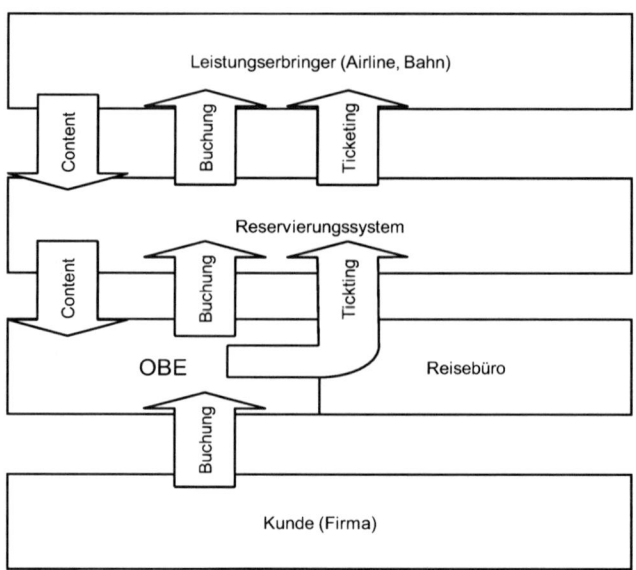

In der Abb. 3.4 sehen Sie, dass es jetzt zur Ausstellung des Tickets kommt. Wie wir oben gelernt haben, darf nur ein Reisebüro ein Ticket ausstellen, das eine Lizenz von der IATA hat. Insofern tritt jetzt das Reisebüro wieder auf den Plan und stellt das Ticket aus. Wir sprechen beim Reisebüro in dieser Funktion auch als „Fulfilment Partner".

Die Inkassofunktion wird ebenfalls vom Reisebüro übernommen.

▶ Fazit: Auch die OBE greift im Kern auf ein Reservierungssystem zurück. Der Reisende führt die Buchung selbst durch. Das Reisebüro stellt das Ticket aus.

Damit ist die OBE-Welt eng mit der Reisebürowelt verzahnt. Meist wird die OBE in die Reisebürobetreuung eingebunden. Das Reisebüro richtet für seinen Kunden einen Zugang in der OBE ein, die vom Reisebüro lizensiert wurde. Nur für sehr große Unternehmen lohnt sich ein Direktvertrag mit einem OBE-Betreiber. Wenn das Reisebüro dem Unternehmen eine OBE zur Verfügung stellt, bedient es den Kunden über zwei Kanäle: Den sogenannten „Online"-Kanal und den „Offline"-Kanal (Tab. 3.1).

Beide Varianten sind verschiedene Formen einer Reisebürobetreuung. Bei der Nutzung der OBE wird die Buchung von dem Reisenden oder seiner Assistenz durchgeführt.

Den Nutzungsgrad einer OBE stellt man mit der sogenannten Onlinequote dar. Die Onlinequote zeigt den Anteil der online gebuchten Tickets im Verhältnis zu der Gesamtheit der Tickets.

In der OBE kann ähnlich wie in dem Reservierungssystem die Reiserichtlinie des Kunden hinterlegt werden. So kann der günstigste Flug in der OBE oben angezeigt werden, Hotels mit Rahmenvertrag werden als erste Variante angezeigt. Verstöße gegen die Reiserichtlinie werden durch ein Ampelsystem dem Reisenden sofort angezeigt (rot für einen Verstoß gegen die Reiserichtlinie).

Tab. 3.1 Unterschiede Online- und Offline-Buchungen

Online	Offline
Reisender oder Travel Arranger bucht selbst in der OBE	Reisender oder Travel Arranger bucht beim Agenten (per E-Mail oder telefonisch)
Reisebüro führt eine Qualitätskontrolle durch oder nicht	Der Reisebüroagent sucht das beste Angebot heraus
Das Reisebüro stellt das Ticket aus	Das Reisebüro stellt das Ticket aus

Alle OBE-Anbieter inkludieren heute auch die Angebote der Low-Cost-Carrier. Sie unterscheiden sich in diesem Punkt darin, ob der Buchende mit einem Blick das komplette Flugangebot – sei es von den Webseiten der Low-Cost-Carrier oder aus dem Reservierungssystem in der OBE – angeboten bekommt. Prinzipiell sind aber Low-Cost-Buchungen über die OBE möglich.

Außerdem können in der OBE Workflows hinterlegt werden, wie zum Beispiel ein Genehmigungsworkflow.

Eine OBE hat gegenüber der-Offline Buchung beim Reisebüro einige signifikante Vorteile:

- Viele Reisende machen sich vor einer Buchung heute im Internet „schlau", welche Verbindungen es gibt, damit sie ihren Termin planen können. Diese Recherche ist sehr aufwändig. Häufig lenkt sie auch den Reisewunsch schon auf eine teure Alternative, weil zum Beispiel nur auf der Internetseite des Homecarriers nachgesehen wird. Mit der OBE stellt man dem Reisenden ein Tool zur Verfügung, das ihm einen transparenten Überblick über die Verbindungen zu seinem Zielort mit aktuellen Preisen bietet. Die Buchung an sich ist dann nur noch ein weiterer Klick und schon ist die Buchung für ihn abgeschlossen. Die OBE führt daher nicht zwingend zu einer Mehrbelastung des Reisenden.
- Durch den Überblick über unterschiedliche Möglichkeiten von A nach B zu kommen sieht der Reisende zum Zeitpunkt der Buchung eventuell auch eine wirtschaftlichere Möglichkeit zu reisen, oder gar seinen Termin zu gestalten. Man spricht hier von dem Phänomen „visual guilt". Der Reisende wird dadurch geleitet, dass er sozusagen vor Augen hat, was er einsparen kann, wenn er das günstigere Angebot nimmt.
- Die Reisebürobetreuung wird durch den Einsatz einer OBE günstiger. Reisebüros bieten die OBE-Buchung zu einer niedrigeren Transaktionsgebühr an als die Offline-Buchung. (Hierauf kommen wir noch im Kap 6 bei der Reisebüroausschreibung zurück). Im Falle einer direkten Einbindung von Internetportalen kann die Reisebürogebühr sogar ganz entfallen.
- Die OBE ist für den Reisenden 24 Stunden und 7 Tage in der Woche verfügbar – anders als das Offline-Team des Reisebüros.
- Der Reisende erhält sofort eine Buchungsbestätigung per E-Mail.
- Sämtliche über die OBE gebuchten Reisen fließen auch in ein Reporting ein.

Tab. 3.2 Kategorien und Beispiele von Internet Portalen im Geschäftsreisebereich

Portale des Anbieters	Unabhängige Portale	Metasuchmaschinen
Bahn.de		
Airlineseiten (Lufthansa, Air Berlin etc.)		Idealo, Swoodoo, Expedia
Seiten von Hotelketten (Motel One, Accor, etc.)	HRS, hotel.de, corporate rates club, booking-com	Google
Portale von Mietwagengesellschaften (Sixt, Europcar, etc.)		Mietwagen.de

Eine OBE schafft somit eine erhebliche Transparenz für den Einkäufer, die Reisenden und das Controlling.

Der Einsatz einer OBE im Flugbereich hat allerdings auch Grenzen. Auch wenn die Funktionalität der OBE immer besser wird, eignet sich die OBE vor allem für Punkt-zu-Punkt-Verbindungen („Point to point") und damit in den meisten Fällen nicht für interkontinentale Flüge.

Auch Umbuchungen und Stornierungen sollten offline durch einen erfahrenen Reisebüroagenten durchgeführt werden. In beiden Fällen ist die Gefahr zu groß, dass der Reisende oder Travel Arranger sich nicht richtig im Tarifdschungel der Airlines zurecht findet und durch seine OBE Buchung extreme Kosten verursacht.

3.6   Internet-Portale

Der wohl am stärksten im Wachstum begriffene Markt bei der Buchung von Reisen ist der Markt der Internet-Portale. Hier handelt es sich um Portale, die entweder vom Leistungsanbieter direkt zur Verfügung gestellt werden oder in die der Leistungsanbieter über Schnittstellen oder direkte Bedienung seine Angebote einstellt.

Metasuchmaschinen gewinnen im Markt an Bedeutung. Diese greifen bestehende Internetseiten der Anbieter mit aktuellen Preisen ab. Bei einer Buchung wird auf die Seite des Anbieters verzweigt (Tab. 3.2).

Für den Geschäftsreisebereich sind die Internetportale eine große Herausforderung, weil sie zu einem ungeordneten Einkauf (Maverick Buying) einladen. Wenn der Reisende direkt im Internet bucht, kann die Beschaffung nicht gelenkt werden, Rahmenabkommen finden keine Verwendung, da die verhandelten Tarife zum Beispiel nicht hinterlegt sind. Man kann auch nicht kontrollieren, ob der Reisende tatsächlich – wie er häufig meint, den besten Preis gefunden hat. Für Einzelreisende, die geschäftlich unterwegs sind und die meistens sehr kostenbewusst reisen, sind die Internetportale meist wichtigster Zugang zum Markt. Nur in Ausnahmefällen werden Reisebüros genutzt. In dem Bereich der kleineren Unternehmen verlieren daher die Reisebüros zunehmend an Marktanteilen.

Dennoch haben es einige der Portale geschafft, in dem Geschäftsreisebereich insgesamt eine wesentliche Rolle zu spielen. Das sind insbesondere die Folgenden:

- Bahn.de
- Die Portale der Mietwagengesellschaften
- HRS/hotel.de/corporate rates club/e-hotel

Die Portale eint, dass sie den Firmenkunden ihre Portale als geschlossene Bereiche zur Verfügung stellen. In allen drei Kategorien können die Firmen ihre eigenen Raten einspeisen lassen: Bei der Bahn den Bahnrabatt, bei den Mietwagengesellschaften die eigenen verhandelten Raten und bei HRS/hotel.de sämtliche Raten, die mit einzelnen Hotels abgemacht wurden.

▶   Fazit: Bei der Nutzung von Internetportalen sollten Firmenzugänge genutzt werden, in denen die Raten des Unternehmens hinterlegt sind.

Teilweise lassen sich Bezahlprozesse in den Portalen integrieren, wie zum Beispiel die Hinterlegung der Firmenkreditkarte als zentrales Bezahlmittel. Internetportale werden von den OBEs zunehmend integriert. Über diesen Weg kann insbesondere bei der Bahn, bei Mietwagengesellschaften und bei den Hotelportalen vermieden werden, dass das Reisebüro noch in den Prozess involviert wird. Reisebürokosten können dadurch weiter gesenkt werden.

3.7 Apps

In der Branche heiß diskutiert wird derzeit die App-Technologie der Reiseindustrie. Reise-Apps dienen heute vor allem dem Komfort während der Reise. So kann man mithilfe der Airline-App über das Smartphone einchecken und den Boardingpass auf dem Smartphone speichern – man benötigt keinen Drucker mehr. Auch Verspätungsmeldungen, Taxiruf und andere Funktionen werden heute schon von Reisenden genutzt.

Die Reisebüros arbeiten ebenfalls an der Bereitstellung von Apps – zum Beispiel zur Übermittlung des Reiseplans und dazu passenden Informationen (Wo ist das nächste Restaurant? Wie komme ich vom Flughafen zum Hotel etc.).

Revolutioniert wird die Branche wahrscheinlich durch Apps, die die Buchung von Reiseleistungen erlauben. Auch hier besteht natürlich wieder die Gefahr des Maverick Buyings, also des wilden Einkaufs, indem der Reisende direkt von seinem Smartphone beim Leistungsträger bucht und der Einkäufer keinen Einfluss nehmen kann.

Allerdings arbeiten die Internetportale auch hier an Lösungen, die auch für die Unternehmen und den Einkauf kompatibel sein werden: Was spricht gegen die Bahn-Buchungs-App, mit der ich mittlerweile auf den geschützten Firmenbereich zugreifen kann? (Gleiches gilt für die HRS-App). Auch Reisebüros und OBE-Anbieter arbeiten hier an App-Lösungen und sind mit ersten Lösungen am Markt. Apps können in einigen Bereichen daher schon heute problemlos für den Geschäftsreisebereich eingesetzt werden, ohne zu einem Maverick Buying zu führen und die Tendenz wird deutlich zunehmend sein.

3.8   Die ideale Betreuungsform

▷   Zwischenruf: Jetzt habe ich so viel über Betreuungsformen gelesen – was ist
        denn jetzt die beste Betreuungsform? Kann ich überhaupt noch sämtliche
        Geschäftsreisen über ein Reisebüroteam kaufen oder muss ich immer auch eine
        OBE oder ein Portal nutzen?

Die Betreuungsform hängt im Wesentlichen von Ihrer Firmenkultur und Ihrer Reisestruktur ab. Wie internet-affin sind Ihre Kollegen? Haben Sie vorwiegend interkontinentale Flugreisen oder Bahnreisen und innerdeutsche Flugziele? Welche Komplexität wollen Sie sich ins Unternehmen holen, wie viele Tools wollen Sie verwalten?

Ich gebe Ihnen drei Beispiele von Betreuungsformen, die funktionieren (Tab. 3.3, 3.4 und 3.5).

Die oben genannten Konstellationen sind Vorschläge, um Ihnen einen Überblick zu geben, was möglich ist. Sie sollten für Ihr Unternehmen eine passende Betreuungsform entwickeln. Meistens lohnt es sich, insbesondere das Reisebüro in diese Überlegungen mit einzubeziehen.

Tab. 3.3 Komplettbetreuung durch ein Offline-Reisebüro

Buchungen	Flug, Bahn, Hotel und Mietwagenbuchungen werden per Telefon oder E-Mail beim Reisebüro bestellt
Vorteile	Die Buchung wird aus einer Hand geliefert
	Die Buchung ist unkompliziert
	Es müssen keine Tools im Unternehmen implementiert werden
	Das Reisebüro kann als Kontrolleur der Reiserichtlinie eingesetzt werden
	Das Reisebüro kann ein komplettes Reporting über die gebuchten Reiseleistungen liefern
Nachteile	Die Reisegebühr fällt für sämtliche Buchungen in voller Höhe an
	Die Reisenden haben kein eigenes Tool für die Recherche
	Es besteht eine Abhängigkeit von den Öffnungszeiten des Reisebüros und der Erreichbarkeit der Mitarbeiter im Reisebüro
Geeignet für	Unternehmen mit entweder einem geringen Reiseaufkommen oder einem vor allem interkontinentalen Flugaufkommen
	Unternehmen, die sich einen Komplettdienstleister für die Geschäftsreisenbuchung wünschen

Tab. 3.4 Komplettbetreuung durch ein Reisebüro mit Online- und Offline-Kanal

Buchungen	Punkt-zu-Punkt-Flüge werden online gebucht
	Komplexe Flüge mit Umsteigeverbindungen und interkontinentale Flüge werden offline gebucht
	Umbuchungen und Stornierungen werden offline getätigt
	Bahn wird online gebucht
	Hotel und Mietwagen in Deutschland online, im Ausland offline
Vorteile	Alle Buchungen werden über das Reisebüro gelenkt.
	Der Reisende hat ein Tool für die Recherche von allen Flugverbindungen zur Verfügung
	Das Online-Tool steht dem Reisenden 24 Stunden täglich zur Verfügung
	Komplizierte Buchungen und Umbuchungen werden durch Experten im Reisebüro getätigt
	Die Reisebürogebühr ist geringer als in der Variante 1
	Bis auf die Erreichbarkeit des Links für die OBE muss keine IT-Implementierung im Unternehmen betrieben werden
	Das Reisebüro kann ein komplettes Reporting über die gebuchten Reiseleistungen liefern, sowohl über die Online- als auch über die Offlinebuchungen
	Das Reisebüro kann wenn gewünscht einen Qualitätscheck auch für die online gebuchten Flüge vornehmen
Nachteile	Die Reisegebühr fällt für sämtliche Buchungen, wenn auch für Onlinebuchungen in geringerer Höhe an
	Die Nutzung der OBE muss im Rahmen eines Projektes geschult werden. Es entsteht ein Implementierungsaufwand im Unternehmen
	Die OBE muss vom Buchenden akzeptiert werden, je geringer die Akzeptanzquote desto weniger lohnt sich der Implementierungsaufwand
Geeignet für	Unternehmen, die viel innerdeutsch fliegen oder die die Bahn nutzen
	Unternehmen, die sich einen Komplettdienstleister für den Geschäftsreisebereich wünschen, aber die einfachen Buchungen selbst tätigen wollen

Es gibt auf dem Markt viele Mischvarianten, die für Sie interessant sein könnten: So bieten zum Beispiel einige Reisebüros spezielle Bahnportale an, über die Bahnfahrkarten online bestellt und abgerechnet werden können. Die OBE-Anbieter binden immer mehr Web-Buchungsmöglichkeiten in die OBE ein. Das hat den Vorteil, dass spezielle Web-Tarife in der OBE parallel zu anderen Tarifen auf einer Seite dargestellt werden können (wie zum Beispiel bei Germanwings). Außerdem kann bei der Ausstellung von Web-Tarifen die Transaction Fee meistens vollkommen umgangen werden. Die Branche spricht hier von einem „direct connect" – einer direkten Anbindung an die Leistungserbringer ohne Zwischenschaltung des Reservierungssystems.

Tab. 3.5 Nutzung von Internetportalen und Reisebürokanälen parallel

Buchungen	Punkt-zu-Punkt-Flüge werden online in der OBE gebucht
	Umsteigeverbindungen Flug und interkontinentale Flüge werden offline über das Reisebüro gebucht
	Umbuchungen und Stornierungen werden offline über das Reisebüro getätigt
	Bahnfahrten werden über einen Firmenkundenbereich auf bahn.de gebucht
	Hotel und Mietwagen in Deutschland werden über Firmenzugänge in Portalen gebucht
	Hotel und Mietwagen im Ausland werden zusammen mit den Flügen über das Reisebüro gebucht
Vorteile	Der Reisende hat je ein Tool für die Recherche von sämtlichen Reisemitteln zur Verfügung
	Das Online-Tool und die Portale stehen dem Reisenden täglich 24 Stunden zur Verfügung
	Komplizierte Buchungen und Umbuchungen werden durch Experten im Reisebüro getätigt
	Die Zahlung einer Reisebürogebühr ist auf Flüge und Auslandsreisen beschränkt. In den Portalen fällt keine Gebühr an
	Die Portale bieten zum Teil Preisvorteile an (bessere Hotelraten oder Mietwagenraten als im Reservierungssystem)
	Bis auf die Erreichbarkeit der Links für die OBE muss keine IT- Implementierung im Unternehmen betrieben werden
Nachteile	Neben der OBE müssen auch die Portale im Unternehmen eingeführt werden. Man kann zum Beispiel alle Zugänge auf einer Seite im Intranet zusammenfassen. Einige OBE- Anbieter bieten auch eine Verlinkung der Seiten an
	Der Reisende muss für eine Reise mehrere Buchungskanäle nutzen. Auch die Stornierung einer Reise berücksichtigt nicht alle Reisemittel auf einmal: Jede einzelne Reiseleistung muss einzeln storniert werden
	Alle Portale müssen im Unternehmen veröffentlicht werden und gepflegt werden (jährliche Vertragsverhandlungen und Einspeisung der Raten in die Portale)
	Es besteht eine Verwechslungsgefahr bei den Internetportalen: Einige Reisende gehen nicht über den Firmenlink sondern nutzen den öffentlichen Bereich der Portale. Dadurch gehen Umsätze für Rabattstaffeln etc. verloren
	Für jedes Portal müssen auch die angrenzenden Prozesse, insbesondere die Bezahlung und die Einhaltung der Reiserichtlinie einzeln geklärt und hinterlegt werden
	Es gibt kein einheitliches Reporting. Die Zahlen müssen aus den einzelnen Datenquellen konsolidiert werden
	Der Reisende muss sich die Zugänge für sämtliche Internetportal, inklusive Login-Daten, „merken"
Geeignet für	Unternehmen, die einen gewissen internen Aufwand nicht scheuen, um Reisebürogebühren zu sparen und an günstigen Internetraten zu partizipieren
	Diese Variante funktioniert insbesondere auch in Unternehmen mit Vielreisenden, denn es braucht eine gewisse Zeit, bis man die verschiedenen Tools geschickt einsetzt

Einkaufsoptimierung für Reiseleistungen 4

4.1 Optimierung des Flugeinkauf

4.1.1 Preisgestaltung und Yield Management der Airlines

Wenn Sie in einem Flugzeug Ihren Sitznachbarn fragen, was er für den Flug bezahlt hat, werden Sie in den wenigsten Fällen herausfinden, dass Sie beide den gleichen Preis bezahlt haben. Das obwohl Sie die gleiche Leistung beziehen – Sie sitzen beide in der Economy-Klasse (oder in der Business-Klasse), sie erhalten den gleichen Service an Bord und die Sitze mit entsprechendem Sitzabstand sind ebenfalls identisch.

Neben der Frage Business oder Economy wird der Preis eines Flugtickets von diversen Faktoren beeinflusst:

1. Wann wird das Ticket gebucht? (Vorausbuchungsfrist)
2. Ist das Ticket stornierbar?
3. Kostet die Stornierung eine Gebühr?
4. Ist das Ticket umbuchbar?
5. Kostet die Umbuchung eine Gebühr?
6. Wie ist die Buchungssituation der Maschine, die Sie nehmen wollen? Wollen viele dieselbe Verbindung nehmen, z. B. weil Sie zu Tagesrandzeiten fliegen? An welchem Wochentag sind Sie unterwegs?
7. Liegt zwischen Hin- und Rückflug ein Wochenende?
8. Sind Sie ein Jugendlicher, Rentner, Student oder nutzen Sie ein Zwei-für-ein-Special der Airline?
9. Haben Sie einen Firmenvertrag mit der Airline geschlossen?

Sie sehen schon an dieser Aufstellung – das Airlinegeschäft ist recht kompliziert. Die Airlines selbst haben ihr Preisfindungssystem in sogenannten Buchungsklassen abgebildet. Wenn eine Airline ein Flugzeug in ihrem Buchungssystem mit Reisenden füllt, teilt sie die

R. Mahnicke, *Business Travel Management*,
DOI 10.1007/978-3-658-02933-3_4, © Springer Fachmedien Wiesbaden 2013

Maschine in eine größere Anzahl von Buchungsklassen auf. Das macht im Prinzip jede Airline nach eigenem Gutdünken. Jede Buchungsklasse wird in der Airline-Nomenklatur durch einen Buchstaben benannt. Es gab schon den Fall, dass eine Airline die 24 Buchstaben des Alphabets sprengte, so fein wurden die Unterschiede zwischen den Buchungsklassen gesetzt.

Jede Airline betreibt mit den Buchungsklassen eine Gewinnoptimierung, ein sogenanntes „Yield Management". Ob in einer Maschine eher günstige Buchungsklassen zu haben sind oder teurere hängt vor allem von der Buchungslage ab: Je geringer die Auslastung, desto länger werden auch günstigere Buchungsklassen angeboten.

Bestimmte Buchungsklassen hängen allerdings auch von **Vorausbuchungsfristen** ab. Diese Tickets sind zum Beispiel nur verfügbar, wenn sie mindestens 14 Tage oder drei Wochen vor Abflug gebucht werden. Es besteht daher keine Möglichkeit, Tickets in diesen Buchungsklassen zu erwerben, wenn die Vorausbuchungsfrist verstrichen ist. Gleiches gilt für Tickets, die als Bedingung haben, dass ein Wochenende – meist ein Sonnabend – zwischen Hin- und Rückflug liegen muss. Diese kann man nur erwerben, wenn man diese Voraussetzung erfüllt.

Die Airline andererseits ist nicht verpflichtet, diese Tickets anzubieten. Wenn die Buchungslage gut ist, macht die Airline diese Klassen zu. Dann ist kein Ticket mehr in dieser Buchungsklasse erhältlich, auch wenn die Bedingungen erfüllt werden. Gleiches gilt, wenn sämtliche Tickets in dieser Buchungsklasse bereits von anderen gebucht wurden.

Die Buchungsklassen unterscheiden sich damit hinsichtlich der **Flexibilität** und der **Restriktion. Ein vollflexibles, keiner Restriktion unterworfenes Ticket** ist dabei das teuerste Ticket. Beim Business-Class-Ticket ist das der Normalfall aber auch in der Economy Class gibt es diese Kategorie. Was heißt hier voll flexibel? Sie können dieses Ticket, auch wenn Sie einen Sitzplatz in einer Maschine reserviert haben, vollkommen frei nutzen. Sie können es für den Folgetag über das Reisebüro umbuchen. Sie können auch, wenn Ihr Termin früher endet, versuchen, beim Einchecken am Terminal eine Maschine früher zu nehmen. Wenn in dem FlugzeugPlatz ist, werden Sie mitgenommen. Sollten sich Ihre Reisepläne ändern, wenn z. B. die Reise ausfällt, dann können sie das Ticket zurückgeben – Sie bekommen Ihr Ticket voll erstattet.

Diese Flexibilität ist für den Reisenden bequem. Daher tendieren viele Reisende dazu, dieses Ticket zu buchen. Die Begründung ist häufig, dass man nicht weiß, ob man umbuchen muss. Das hat fatale Folgen für den Einkaufspreis, denn die flexiblen Tickets sind häufig um ein Vielfaches teurer als die nichtflexiblen Tickets.

Ein nicht flexibles aber umbuchbares Ticket kann man nicht zurückgeben. Aber man kann, wenn Reisepläne sich ändern, das Ticket umbuchen. Das kostet dann meist eine Gebühr. Wenn zum Zeitpunkt der Umbuchung die Buchungsklasse, in der das Ursprungsticket ausgestellt wurde, nicht mehr frei ist, dann wird zusätzlich ein Aufschlag in die nächst höhere freie Buchungsklasse fällig. Tabelle 4.1 zeigt, wie sich die Kosten eines umgebuchten Tickets zusammensetzen.

Tab. 4.1 Zusammenset- zung des Ticketpreises bei Umbuchung	Ursprünglicher Ticketpreis
	+ Umbuchungsgebühr
	+ Aufschlag in die nächst höhere freie Buchungsklasse
	+ zusätzliche Reisebürogebühr für die Umbuchung
	Neuer Ticketpreis

Der Preisunterschied zwischen einem vollflexiblen Ticket und einem nicht flexiblem Ticket ist häufig so groß, dass mehrmalige Umbuchungen möglich sind, ohne dass der Ticketpreis des vollflexiblen Tickets erreicht wird.

Ein nicht flexibles und nicht umbuchbares Ticket kann man nur für den gebuchten Flug nutzen. Wenn sich die Reisepläne ändern, ist das Ticket wertlos. Diese sehr günstigen Tarife können im Geschäftsreisebereich nur dann genutzt werden, wenn der Termin hundertprozentig stattfindet, bei der Anreise zu Seminaren zum Beispiel. Oder das Ticket ist so günstig, dass es sich auch lohnt, es einfach zurückzugeben anstatt umzubuchen. Sie bekommen dann immer noch die Steuern und Flughafengebühren, neuerdings auch die Kerosinzuschläge erstattet. Gerade die sehr günstigen Tickets unterliegen meist auch einer kurzfristigen **Ausstellungsfrist**. Diese Frist meint die Zeit, die zwischen der Reservierung und der Ausstellung des Tickets liegen darf. Bei den günstigsten Tickets gibt es hier in Deutschland derzeit die Vorgabe der Ausstellung am gleichen Tag (same day ticketing). Das bedeutet, dass die Buchung bis zum Rechnungsschluss des Reservierungscomputers – meist am späten Nachmittag – durch den Ticketing-Prozess abgeschlossen sein muss.

▶   Fazit: Der Preis eines Flugtickets wird neben der Auslastung der gewünschten Maschine auch von den Ticketbedingungen bestimmt: Flexible, umbuch-
bare Tickets sind teurer als nicht-flexible Tickets. Tickets mit eingeschränkten
Buchungsbedingungen (Restriktion) sind ebenfalls günstiger. Eine Restriktion
kann dabei zum Beispiel eine Wochenendbindung sein (zwischen Hin- und
Rückflug muss ein Wochenende liegen) oder eine Vorausbuchungsfrist (das
Ticket muss x Tage vor dem Reisedatum gebucht werden.

4.1.2   Wie erziele ich den besten Preis?

Was ist jetzt der günstigste Preis für ein Flugticket von A nach B? Sie können anhand dieser Ausführungen sehen, dass diese Frage nicht eindeutig zu beantworten ist. Der Preis einer Buchung hängt vor allem von dem Markt ab, der zum Zeitpunkt der Buchung besteht. Je transparenter dieser Markt zum Zeitpunkt der Kaufentscheidung ist, desto besser ist der Preis, der erzielt wird. Wir sprechen daher nicht von dem günstigsten Preis sondern von dem wirtschaftlichsten Preis zum Zeitpunkt der Buchung.

Die Preisoptimierung während des Buchungsvorgangs kann nicht durch den Einkäufer vorgenommen werden. Sie findet vielmehr innerhalb des Buchungskanals statt, den der Einkäufer dem Buchenden vorgibt.

Eine Lösung kann zum Beispiel das Beratungsgespräch mit dem Reisebüro sein. Hier ist es fatal, wenn der Reisende dem Reisebüro vorgibt, einen bestimmten Flug zu buchen, den er sich aus dem Internet im Vorfeld herausgesucht hat. Er sollte vielmehr seinen Reisewunsch so äußern, dass der Reisebüroagent ihm das günstigste Angebot heraussuchen kann. Ich gebe Ihnen anhand der Anfrage für einen innerdeutschen Flug ein Beispiel für ein gutes Beratungsgespräch:

Praxisbeispiel: Telefonat mit dem Reisebüro

Reisender:	Guten Tag. Ich habe am kommenden Dienstag einen Termin in Frankfurt und müsste gegen 10 Uhr dort sein. Starten werde ich wie immer in Hamburg. Zurück kann ich abends ab 18 Uhr fliegen.
Reisebüroagent:	Ich sehe einmal nach – ich hätte einen Flug, der geht um 8:00 ab Hamburg, da wären Sie kurz nach neun in Frankfurt, zurück wäre das dann um 18:00. Nach Frankfurt fliegt ja nur die Lufthansa – leider kostet der Flug dann 579 € hin und zurück – der scheint recht gut ausgebucht zu sein. Könnten Sie auch eine Stunde später fliegen?
Reisender:	Wieso?
Reisebüroagent:	Der 9-Uhr-Flug mit dem gleichen Rückflug kostet nur 424 € da würden Sie eine Menge sparen. Sie landen dann allerdings erst um 10:15 Uhr in Frankfurt.
Reisender:	Das ist ja schade, aber ich muss um 10 Uhr in der Frankfurter Innenstadt sein. Das ist aber wirklich teuer. Sind die Flüge denn umbuchbar?
Reisebüroagent:	Umbuchbar schon, aber nicht stornierbar. Eine Umbuchung kostet dann 60 € und gegebenenfalls den Aufpreis in die nächst höhere Buchungsklasse.
Reisender:	Vielleicht verschiebt mein Kunde den Termin noch.
Reisebüroagent:	Warten Sie, dann sollten wir gleich einen vollflexiblen Tarif nehmen, der ist dann auch nicht viel teurer – insgesamt 624 €. Alternativ kann ich Ihnen die Bahn anbieten. Da fährt morgens der Sprinter, der fährt von Hamburg um 6:05 und fährt ohne Halt nach Frankfurt und ist um 9:28 am Hauptbahnhof. Zurück könnten Sie auch mit dem durchgehenden ICE um 17:58 und sind abends um kurz vor zehn wieder am Hauptbahnhof. Das Ganze kostet Sie mit Ihrer Bahncard 50 129,50 € in der zweiten Klasse zuzüglich Reservierung. Das Ticket können Sie kostenlos bis zum Tag vor der Reise stornieren. Sie bleiben allenfalls auf der Reservierungsgebühr sitzen.
Reisender:	Da bin ja recht lange unterwegs – andererseits bis auf das frühe Aufstehen ist es gar nicht so viel länger, als wenn ich den Flieger nehme

würde -und ich bin flexibler – wissen Sie was – ich nehme die Bahn. Da
bin ich dann ja auch gleich in Frankfurt in der Innenstadt.

Reisebüroagent: O.K., dann stelle ich Ihnen ein Onlineticket aus und schicke es Ihnen
                    per E-Mail zu. Vergessen Sie nicht Ihre Bahncard zur Identifizierung
                    im Zug.

Reisender: Ist gut – und vielen Dank für die gute Beratung.

Was ist in dem Gespräch passiert? Es ist zu einer tatsächlichen Beratung des Reisenden
durch den Reisebüroagenten gekommen. Der Reisende hat nicht direkt nach einer Verbindung gefragt („Bitte buchen Sie LH 007 nach Frankfurt nächsten Dienstag"), sondern hat
Eckdaten genannt, die die weitere Beratung ermöglicht haben („ich muss um 10 Uhr da
sein"). Der Agent hat aufgrund der genannten Daten zunächst eine Preisoptimierung im
Flugbereich vorgeschlagen – immerhin hätte der Reisende gut 150 € sparen können, wenn
er eine Stunde später hätte fliegen können.

Die Alternative mit der Bahn ist natürlich noch viel günstiger – hier kommt es aber auf
die Bereitschaft des Reisenden an, die verlängerte Reisezeit auch in Kauf zu nehmen. Dem
Reisenden wurden aber drei gute Alternativen genannt, um nach Frankfurt zu kommen.
Er hat die Alternative gewählt, die am kostengünstigsten war, und die auch zu seiner Rei-
seplanung passte. Wichtig in dem Gespräch war auch die Diskussion der Flexibilität beim
Reisen. Der Reisebüroagent hat sehr gut auf die Flexibilität des Bahntickets hingewiesen.

Eine ähnliche „Beratung" kann auch eine OBE liefern. Auch hier sieht der Reisende je
nach Einstellung der OBE auf einen Blick die unterschiedlichen Flugverbindungen und
die preislichen Unterschiede. Wie oben bereits erwähnt geht man davon aus, dass viele
Reisende tatsächlich zu günstigeren Tarifen greifen, wenn sie die preislichen Unterschiede
plastisch vor Augen haben. Der Reisende würde sich dann die Frage stellen, ob er nicht
eine Stunde später fliegen kann.

Auch die unterschiedlichen Preise aufgrund der unterschiedlichen Flexibilität können
in der OBE hervorragend angezeigt werden. So ist die OBE, die ich nutze, so eingestellt,
dass sie drei Preise für einen Flug anzeigt, sofern diese verfügbar sind:

- Den „Eco Lowest" – also den günstigsten Tarif, der in der Economy Klasse für diesen
  Flug noch verfügbar ist.
- Den „EcoFlex"– den günstigsten flexiblen Tarif in der Economy Klasse
- Den „Business"–also den Business-Class-Tarif.

Der Reisebüroagent in unserem Gespräch hatvon sich aus nicht den flexiblen Tarif vorgeschlagen, dann aber auf Nachfrage nachgesehen und festgestellt, dass der Unterschied
zwischen dem vollflexiblen Tarif und dem nicht stornierbaren Tarif nur sehr gering ist.
Insofern wäre für den Reisenden das flexible Ticket die bessere Alternative gewesen, wenn
er nicht bereit gewesen wäre, mit der Bahn zu fahren.

Sie können an diesem Beispiel sehen, dass es den besten Preis für eine Verbindung
nicht gibt. Die optimale Reiseverbindung ist immer eine Kombination aus Preis, Reisezeit,

Abfahrt- und Ankunftszeiten und Flexibilität. Damit hier eine wirtschaftliche Abwägung geschehen kann, benötigt der Reisende zum Zeitpunkt der Buchung einen transparenten Marktüberblick über die Möglichkeiten, die er hat, sein Reiseziel zu erreichen. Des Weiteren muss der Reisende bereit sein, seine Reisezeiten für eine Preisoptimierung in einem zumutbaren Zeitraum anzupassen.

▷   Zwischenruf: Was kann ich denn dem Reisenden zumuten? Ich habe oft Diskussionen im Unternehmen mit Reisenden, die unbedingt Lufthansa fliegen wollen, und dann nicht bereit sind, die preislich günstigere Verbindung zu nehmen, weil die eine Viertelstunde später losgeht.

Sie sprechen hier eine ganz wesentliche Fragestellung im Travel Management an. Auch aus wirtschaftlichen Gründen und aus Gründen der persönlichen Zumutbarkeit muss man immer wieder überlegen, welche Anstrengungen gemacht werden sollen, um den günstigsten Preis zu erzielen. Aus dem Yield Management der Airlines entstehen durchaus Kuriositäten: So kann der Flug von Hamburg nach Bristol in England günstiger sein, wenn ich in Amsterdam umsteige als wenn ich direkt fliege. Aber ist es sinnvoll, aus diesem Grund einen Umweg von mehreren Stunden zu nehmen? Letztendlich wird es der Reisende oder sein Vorgesetzter entscheiden. Sinnvoll ist es, hier einen Rahmen zu setzen, in dem das Reisebüro oder die OBE Flugalternativen anbietet.

In der Abb. 4.1 wird eine Zumutbarkeit nach Zielgebieten festgelegt:

Wenn der Reisende aufgrund seines Termins in Deutschland um 8 Uhr morgens losfliegen müsste, werden ihm auch Alternativen angeboten, die bereits um 7 Uhr starten, wenn dadurch 100 € eingespart werden. Auch abends könnte ihm für den Rückflug eine Alternative angeboten werden, die eine Stunde später abfliegt, als er möchte oder könnte. Insgesamt kann sich der Arbeitstag dadurch um zwei Stunden verlängern, wenn Hin- und Rückflug am selben Tag stattfinden. Das wird man nicht jedem Reisenden für jede Reise zumuten können. Trotzdem ist es wichtig, derartige Zeitfenster und Wertgrenzen zu definieren. Erst damit ist der günstigste Flug zum Zeitpunkt der Buchung definiert: Es ist der günstigste verfügbare Tarif innerhalb der zumutbaren Zeit.

Wie Sie in der Abb. 4.1 sehen können, kann man das Zeitfenster bei einer Langstrecke höher setzen. Hier ist es ohnehin unumgänglich, dass eine Nacht oder ein Tag als Reisezeit in Kauf genommen werden. Darum ist ein Zeitfenster von vier Stunden durchaus nicht unrealistisch.

▷   Fazit: Der optimale Flugpreis ist der günstigste Flugtarif
     •   der die Ankunft am Zielort und den Rückflug von dem Zielort zu der vorgegebenen Zeit ermöglicht,
     •   der dem Reisenden eine zumutbare Reisezeit auferlegt und
     •   der auch nach mindestens einer Umbuchung noch günstiger ist als ein flexibles Ticket.

Abb. 4.1 Zumutbarkeiten für
den Reisenden im Flugbereich
(Beispiel)

Zielgebiet Flugreise	Abweichende Ankunfts-/Ablfugzeit am Zielflughafen	Preis-differenz
Deutschland	+/-1 Stunde	> 100 €
Europa	+/-2 Stunden	> 200 €
Nahost	+/-3 Stunden	> 300 €
Langstrecke	+/-4 Stunden	> 400 €

4.1.3   Kreatives Ticketing

Eine Spielart der Preisoptimierung ist das Ausnutzen von den Tarifbesonderheiten der Airlines. Hier sollte man sich insbesondere auf den Reisebüroagenten verlassen und nicht unbedingt selbst tätig werden.

Eine Besonderheit für Reisende, die über einen längeren Zeitraum die gleiche Strecke immer hin und her fliegen ist zum Beispiel das „Kreuzen" von Tickets. Hier macht man es sich zunutze, dass Tickets mit einer Wochenendbindung sehr viel günstiger sind als Tickets mit Hin- und Rückflügen in der gleichen Woche. Man bucht dann Tickets in beiden Richtungen, die jeweils über ein Wochenende gehen und lässt sie sich „kreuzen". Von den Luftverkehrsgesellschaften wird diese „Aus-„ Nutzung der Tarife nicht gern gesehen, daher verkaufen Reisebüros diese Variante auf eigenes Risiko des Reisenden.

Eine andere sehr einfache Spielart des kreativen Ticketings ist der Vergleich, ob der Hin- und Rückflug in einem Ticket ggf. teurer ist als die getrennte Buchung von zwei Einzelflügen. Auch das gibt das komplizierte Tarifgefüge von Airlines her.

4.1.4   Vorausbuchung

Eine deutliche Preisoptimierung beim Flugeinkauf stellt das rechtzeitige Buchen dar. Dabei gibt es keinen idealen Buchungszeitpunkt, der generalisiert werden kann. Das ergibt sich aus dem Yield-Management der Airlines: Bei guter Buchungslage sind günstige Buchungsklassen nur lange vor dem Reisedatum verfügbar, bei schlechter Buchungslage gegebenenfalls eher kurz vor dem Reisedatum. Als Grundregel lässt sich aber festhalten, dass eine frühzeitige Buchung die Flugkosten deutlich optimieren kann. Reisende sollten daher animiert werden, den Flug möglichst sofort zu buchen, wenn ein Termin feststeht.

4.1.5   Preisgestaltung durch Rahmenverträge

▶   Zwischenruf: Wenn ich das Ganze recht verstehe, entsteht der Flugpreis durch
     das Verhalten des Reisenden und durch eine gute Reisebüroberatung. Dann
     gibt es ja für mich als Einkäufer gar nicht die Möglichkeit, mit dem Lieferanten
     zu verhandeln?

Doch: Auch im Flugeinkauf lohnt es sich, Rahmenverträge zu schließen. Dazu sollten Sie
sich erst einmal von Ihrem Reisebüro eine Auswertung geben lassen. Tabelle 4.2 zeigt,
welche Dinge man je nach Größe des Flugetats des Unternehmens mit Airlines verhandeln
kann.
     Den weitaus größten Teil der Abkommen nehmen heute die Nettoraten ein. Diese be-
ziehen sich zumeist auf einzelne Strecken, z. B. von Deutschland aus nach Honkong. Die
Rate oder der Abschlag auf den Normalpreis wird nach Abschluss eines Abkommens im
Reservierungssystem hinterlegt. Dadurch kann das Reisebüro die spezielle Rate nur für
Mitarbeiter des Unternehmens buchen, dass das Abkommen mit der Airline geschlossen
hat. In der Praxis sind die Nettoraten zum Zeitpunkt der Buchung oft teurer als der nied-
rigste Tagespreis. Dennoch ist der Abschluss von Nettoraten äußerst sinnvoll:

• Wenn sämtliche günstige Klassen zum gewünschten Reisezeitpunkt nicht mehr frei
  sind, wird der Abschlag auf den Normalpreis wirksam. Das ist insbesondere bei Lang-
  streckenflügen in der Business Class der Fall, da es hier kaum günstige Tagespreise gibt.
• Da der Nettotarif umbuchbar ist, kann er im Vergleich zum tagesaktuellen Tarif eine
  günstigere Alternative sein, wenn Umbuchung zu erwarten sind.

Für eine Airlineverhandlung sollte man sich gut vorbereiten. Aus meiner Sicht kann das
Reisebüro hier viel Arbeit abnehmen, insbesondere bei der Auswahl der Verhandlungspartner und der Vorbereitung der Zahlen.
     Folgende Schritte sollten Sie unternehmen, bevor Sie sich mit Vertretern einer Airline
zusammensetzen:

1. Listen Sie die Top-Airlines, die in den letzten Monaten von „Ihren" Reisenden genutzt
   wurden, nach Umsatz auf. Wie bei anderen Lieferanten auch sind es die umsatzstärksten Lieferanten, mit denen Sie verhandeln sollten.
2. Besorgen Sie sich einen Aufriss Ihrer Top-Strecken aufgeteilt nach innerdeutschen,
   europäischen und interkontinentalen Strecken. Pro Strecken sollten die Anteile der
   Airlines, die von Ihren Reisenden auf diesen Strecken genutzt werden, nach Anzahl der
   Tickets und Umsatz aufgelistet werden.
3. Zu diesen Strecken sollten Sie – unterstützt durch Ihr Reisebüro – eine Konkurrenzana-
   lyse machen: Gibt es preislich attraktive Airlines, die diese Strecken befliegen? Wie sieht
   der Flugplan genau aus – werden die wichtigen Tagesrandzeiten bedient?

Tab. 4.2 Inhalte von Rahmenverträgen mit Airlines

Nettoraten (Corporate Rates)	Abschläge auf den normalen Flugpreis, entweder als prozentualer Abschlag oder als fixe verringerte Rate. Der Vorteil der Nettoraten ist, dass es sich meist um flexible Raten handelt. Sie sind daher umbuchbar
Volumenincentives	Jährliche Zahlung der Airline an das Unternehmen aufgrund von Volumensteigerung – entweder insgesamt oder pro Zielgebiet
Freiflüge, Upgrades	Ähnlich wie bei den Kundenbindungsprogrammen für Reisende können auch Firmen Punkte sammeln und einlösen. Entweder man erhält einen Freiflug oder man kann einen Economy Flug buchen und in der Businessklasse fliegen – das nennt man „upgraden"
Nebenleistungen	z. B. Chauffeurservice am Abflug- oder Zielort, Verhandlung von Gepäckgrenzen bzw. Gebühren für Übergepäck etc.

Jetzt können Sie sich ein Bild machen, mit welchen Airlines Sie sich zusammensetzen wollen. Sie können auch die Durchschnittspreise der Airlines auf Ihren TOP-Strecken vergleichen. Es macht durchaus Sinn, auch über die Abkommen, eine Konkurrenzsituation zu schaffen. Verhandeln Sie daher nicht nur mit den umsatzstärksten Airlines sondern auch mit Konkurrenten auf Ihren Top-Strecken!

▶   Zwischenruf: Wie funktioniert das rein technisch, wenn ich spezielle Firmenraten abgemacht habe. Wie kann ich die dann buchen?

Die Raten werden für Ihr Reisebüro freigeschaltet. Dadurch kann der Agent im Reisebüro bei der Buchung einer Strecke, die Nettorate als eine von vielen Möglichkeiten sehen, Ihrem Reisenden ein Angebot zu machen. Wie oben schon erwähnt, kommt die Nettorate preislich voll zum Tragen, wenn günstigere Raten bereits ausgebucht sind. Dadurch federt die Nettorate das Preisrisiko nach oben ab. Außerdem ist die Nettorate durch ihre Flexibilität attraktiv.

▶   Zwischenruf: Spricht denn z. B. die Lufthansa mit jedem Unternehmen, egal, wie groß es ist?

Nein, das kann die Lufthansa natürlich nicht. Die persönliche Betreuung durch einen Key-Accounter (Firmenkundenbetreuer) der Airlines fängt häufig bei einem Flugvolumen von mindestens 1 Mio. € insgesamt über alle Airlines an. Viele Airlines – zum Beispiel auch die Lufthansa – haben aber ein abgespecktes Firmenprogramm für den Mittelstand. Diese Verträge können Sie oft auch online abschließen. In der Regel dreht es sich dann nicht um Streckenabkommen. Einige Airlines bieten zum Beispiel an, dass Punkte gesammelt werden, die später für Freiflüge oder Upgrades eingesetzt werden können. Oder die Airline schaltet Ihr Unternehmen für ihre Corporate Rates frei, das sind Raten mit einem all-

Abb. 4.2 Waagschale strategischer Einkauf und Buchung für den Flugpreis

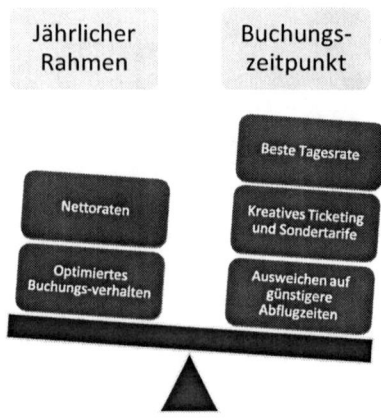

gemeinen Abschlag auf den Tagespreis, die sie nicht bekommen, wenn Ihr Unternehmen keinen Vertrag mit der Airline abschließt.

Auch hier sollte das Reisebüro Sie unterstützen: Mindestens einmal im Jahr sollte das Reisebüro Ihnen eine Empfehlung geben, ob es sich lohnt mit Airlines Verträge zu schließen und mit welchen Airlines das anzuraten ist.

Zusammenfassend kann man sagen, dass der Rahmenvertrag mit einer Airline ein Baustein ist, um im täglichen Geschäft immer den wirtschaftlichsten Flugtarif zu finden. Freiflüge, Upgrades oder Nettoraten haben im täglichen Geschäft deutlich weniger Gewicht als die findige Suche nach dem „Best Buy". Die Abb. 4.2 stellt dieses Verhältnis dar.

Der Einfluss des Einkäufers durch die Gestaltung eines Rahmens wiegt leichter als die Entscheidungen, die zum Buchungszeitpunkt vom Reisenden mit Unterstützung des Reisebüros oder einer guten OBE getroffen werden. Beide Facetten ergeben aber ein gelungenes Miteinander bei der Optimierung des Flugeinkaufs.

Aus diesen Gründen kommt der Auswahl eines geeigneten Reisebüros und ggf. OBE eine große Bedeutung zu. Hierauf kommen wir in den Kapiteln 6 und 7 noch einmal zurück.

4.1.6 Malusvereinbarungen in Airlineverträgen

Beim Abschluss von Airlineverträgen sollte man das Kleingedruckte gut lesen. Einige Airlines behalten sich vor, dem Unternehmen bereits benutzte Streckenrabatte nachzubelasten, wenn Zielvorgaben des Vertrages nicht erreicht werden. In diesen Verträgen wird dann pro Strecke eine Anzahl von Tickets gesetzt, die mir der Airline im Vertragszeitraum abgeflogen werden muss. Das kann der Einkäufer natürlich nur bedingt garantieren. Es kommt auch in der Praxis nur äußerst selten vor, dass derartige Malusregelungen gegenüber dem Kunden tatsächlich zur Anwendung kommen. Es sei hier nur der Vollständigkeit halber erwähnt

4.1.7   Brutto- und Nettopreise

In Airlineverträgen werden fast immer Nettopreise vereinbart. Hier ist zu berücksichtigen, dass ein Nettoflugpreis nicht nur um die Mehrwertsteuer bereinigt ist, sondern auch um weitere Abgaben und Gebühren. Hier fallen insbesondere die Flughafengebühren ins Gewicht aber auch die Luftverkehrsabgabe, die seit 2012 erhoben wird. Auch einen Kerosinzuschlag und eine Kreditkartengebühr kommen hinzu. Dadurch ist zum Ärger vieler Einkäufer nur ein Teil des Flugpreises verhandelbar. Der letztendliche Ticketpreis isterheblich teurer als der vereinbarte Nettopreis.

4.1.8   Volumenbündelung und Steuerung

Das Einkaufsinstrument der Volumenbündelung spielt im Flugeinkauf heute eine sehr geringe Rolle. Es gibt zwar die Möglichkeit, in Absprache mit dem Reisebüro, bestimmte Airlines zu bevorzugen. Das könnte man machen, um zum Beispiel Volumina für eine Kick-Back-Zahlung zu erreichen oder die Nettoratenvereinbarung für bestimmte Strecken zu erfüllen. Die Effekte einer derartigen Lenkung sind aber sehr gering und das Verfahren einer Lieferantenaussteuerung im Flugbereich ist derart komplex, dass die meisten Firmen heute keine Steuerung im Airlinebereich mehr vornehmen. Im Gegenteil wird der Flugeinkauf konsequent dem „Best Buy", also dem Erzielen der günstigsten Rate zum Zeitpunkt der Buchung, unterstellt.

Gerade eine OBE bietet aber auch Möglichkeiten, auf bestimmte Airlines zu steuern. So kann man Airlines auf bestimmten Strecken ausblenden oder prominent darstellen, um zum Beispiel eine Steuerung auf Alternativen zu hochpreisigen Airlines zu bewerkstelligen.

4.1.9   Meilenprogramme der Airlines für den Reisenden

Fast jede Airline und insbesondere die Homecarrier – in Deutschland also die Lufthansa – bieten Kundenbindungsprogramme für den Reisenden an. Hier kann der Reisende Meilen oder Punkte sammeln, die für Freiflüge, Upgrades oder auch Sachgeschenke wie Koffer etc. eingetauscht werden können. Es handelt sich hier um ein Vertragsverhältnis zwischen Reisenden und Airline. Auch die Bindung zwischen Airline und Reisenden, die dadurch entsteht, kann die Bemühungen, den Flugpreise zu optimieren, konterkarieren:

Der findige Reisende könnte darauf bestehen, auf Firmenkosten immer nur mit seiner Airline zu fliegen, um dann die Meilen für private Zwecke, zum Beispiel einen Flug in den Kurzurlaub zu verwenden. Die Tatsache, dass er geschäftlich erflogene Meilen privat verwendet, ist an sich nicht verwerflich. Der geldwerte Vorteil, der dem angestellten Reisenden dadurch entsteht, wird zum Beispiel von der Lufthansa sogar für sämtliche Miles & More-Kunden pauschal versteuert.

Schwierig wird es dann, wenn der Reisende wie oben schon einmal angeklungen, teurere Tickets einkauft und damit Preisnachteile für die Firma realisiert, um für den Privatgebrauch Meilen zu sammeln. In kleineren Unternehmen kommt das selten vor. Hier sind Kontrolle durch den Chef und das Preisbewusstsein der Angestellten noch zu groß. In größeren Unternehmen muss eine Kontrolle eingezogen werden, zum Beispiel ein Genehmigungsprozess, bei dem der Vorgesetzte die verschiedenen Angebote des Reisebüros sieht und seine Genehmigung erteilen muss, wenn der Reisende nicht das günstigste Angebot akzeptiert. Oder alternativ und häufig einfacher: Ein Reporting des Reisebüros über sämtliche Flugbuchungen, bei denen der Reisende nicht dasgünstigste Ticket gebucht hat.

Allein aus diesem Grund könnte es sich für ein Unternehmen auch lohnen, zumindest vorzuschreiben, dass geschäftlich erflogene Bonuspunkte oder Meilen auch für geschäftliche Zwecke zu nutzen sind. Insbesondere Upgrades von der Economy in die Businessklasse bieten sich hier an. Die Firma kann aufgrund eines Urteils des Bundesarbeitsgerichts (BAG)vom 11. April 2006 (Az.: 9 AZR 500/05) die Herausgabe von Bonusmeilen, die geschäftlich erflogen wurden, verlangen. Dem Reisenden wird damit die Motivation genommen, sich bei der Kaufentscheidung von den Meilenprogrammenlenken zu lassen. Die Firma spart dadurch natürlich auch Kosten, allerdings in geringerem Maße als man sich das meistens denkt. Es lohnt sich in den meisten Fällen nicht, hier eine komplexe Meilenverwaltung einzuführen. Es reicht, wenn in der Reiserichtlinie vermerkt ist, dass geschäftlich erflogene Meilen auch für geschäftliche Reisen zu nutzen sind. Die Einlösung sollte man den Reisenden selbst überlassen.

4.2 Optimierung des Hoteleinkaufs

4.2.1 Preisgestaltung in der Hotellerie

Auch das Hotel betreibt ein Yield-Management, um den bestmöglichen Ertrag zu erzielen. Dieses ist zwar nicht so ausgeprägt wie im Flugbereich, so sind minütlich wechselnde Preise noch kein Phänomen in der Hotellandschaft. Der Preis eines Hotelzimmers wird im Wesentlichen durch folgende Faktoren bestimmt:

1. Lage des Hotels (Metropole, Innenstadt, Messe, Randlage, auf dem Land)
2. Hotelkategorie (ein bis fünf Sterne)
3. Renovierungsstand des Hotels
4. Zimmerkategorie (Standard, de Luxe, Suite, Meerblick etc.)
5. Auslastung

Ein Hotelier wird für sein bestimmtes Hotel immer eine Range festlegen, innerhalb derer sich der Zimmerpreis bewegen soll. Er hat zwei Kennzahlen, anhand derer er seinen wirtschaftlichen Erfolg misst: Die durchschnittliche Zimmerrate, die er erzielt hat, und die Auslastung seines Hotels.

Das Yield Management spielt mit diesen beiden Stellschrauben: In Zeiten geringer Auslastung geht der Hotelier mit dem Preis herunter. Bei besserer Auslastung setzt er den
Tagespreis hoch.

Neben diesem noch recht einfachen Preismechanismus gibt es im Hotelmarkt immer
noch eine weitere Preisdifferenzierung über den Buchungskanal. Zwar gilt offiziell in
Deutschland die sogenannte „Ratenparität". Diese besagt, dass die Hotels ihren Kunden
auf allen Buchungskanälen die gleichen Endpreise anbieten. Gerade die Buchungsportale
kontrollieren diese Verpflichtung sehr genau. Vom Bundeskartellamt wird die Ratenparität
allerdings sehr kritisch gesehen. Es kann auch heute durchaus vorkommen, dass das Hotel
bei einer Direktbuchung über die eigene Internetseite einen besseren Preis gibt als über
das Reservierungssystem des Reisebüros zum gleichen Zeitpunkt. Einen dritten Preis kann
man zum gleichen Zeitpunkt über ein Hotelportal im Internet erzielen, wenn zum Beispiel
ein Portal aktueller gepflegt wird als das Reservierungssystem.

Diese Preisdifferenzierung hängt auch damit zusammen, dass es im Hotelbereich anders als bei den Airlines keine vollständige Verknüpfung der Reservierungssysteme gibt.
Während einige Hotelketten ihre eigenen Reservierungssysteme mit dem Reisebüroreser-
vierungssystem Amadeus oder mit den führenden Hotelportalen über Schnittstellen ver-
netzt haben, pflegen viele Einzelhotels ihre Preise in diesen Systemen manuell und geben
sich dabei unterschiedlich viel Mühe, in allen Systemen immer aktuell zu sein.

Neben den Vorteilen von differenzierter Preisgestaltung versucht auch der Hotelier
die Kosten der Vermarktung über Portale und Reservierungssysteme wenn möglich zu
vermeiden. Portale und Reservierungssysteme lassen sich die Vermittlung von Hotels mit
Provisionen bezahlen und diese sind liegen immer noch zwischen 10 und 12,5 %!

Ohne Portale kann ein Hotel dagegen seine Auslastung nicht sichern.

4.2.2   Vorbereitung von Hotelverhandlungen

Die hauptsächliche Herausforderung im Hoteleinkauf stellt die Beschaffung von Daten-
material und die Organisation der Ausschreibung dar. In vielen Unternehmen funktioniert
der Hoteleinkauf unkoordiniert. Die Ursache hierfür liegt zum Teil auch im Hotelvertrieb:
Häufig werden gerade größere Unternehmen von Hotelverkäufern angerufen, eingeladen
oder besucht, um einen Vertrag abzuschließen. Dies geschieht über das ganze Jahr. Die
Hotelverträge, die dabei abgeschlossen werden, sind häufig von den Raten her nicht attraktiv. Ob sie tatsächlich den Bedarf der Reisenden abdecken, ist unsicher. Verlassen sich
doch viele Travel Manager und Einkäufer auf die Zahlen, die ihnen der Hotelvertriebler
präsentiert. Eigene Zahlen über die Hotelübernachtungen haben nämlich die wenigsten
Unternehmen.

Die erfolgreiche Hotelverhandlung sollte anders strukturiert sein. Die Abb. 4.3 zeigt
einen strukturierten Ablauf einer Hotelverhandlung.

Die Datenerhebung für den Hoteleinkaufkann einmal im Jahr durchgeführt werden.
Als Ergebnis für die Hotelausschreibung benötigen Sie eine Liste der Hotelübernachtun-

	Juli	Aug	Sep	Okt	Nov	Dez	Jan
Datenerhebung	▰						
Festlegung Hotels		▰					
Versendung RFP			▰				
Bewertung Angebote				▰			
Abschluss erste Verträge				▰			
Nachverhandlungsrunden					▰		
Vertragsabschlüsse					▰		
Start der Zusammenarbeit						▰	

Abb. 4.3 Ablauf einer Hotelausschreibung

gen, die die Reisenden Ihres Unternehmen im vorangegangen Zeitraum gebucht haben. Diese Liste sollten Sie sortieren können nach:

1. Standort (Stadt)
2. Hotelname
3. Ggf. Hotelkette
4. Anzahl Übernachtungen (Roomnights)
5. Übernachtungskosten

Idealerweise sollten Kosten für Übernachtung und Frühstück getrennt ausgewertet werden können. Das ist aber je nach Datenquelle nicht immer durchgängig möglich.

Über ein solches Reporting verfügen die wenigsten Unternehmen. Das liegt daran, dass es etwas mühevoll ist, die Zahlen zusammenzustellen. Allerdings ist es aus meiner Sicht unumgänglich, sich im Vorwege einer Hotelausschreibung einen Überblick über den Bedarf zu schaffen. Wie Sie an diese Daten herankommen, erfahren Sie im Kap. 8 Reporting.

Verhandeln Sie nur mit Hotels, die von den Reisenden Ihres Unternehmens auch bisher schon frequentiert wurden. Es ist aus meiner Sicht ein fataler Einkaufsfehler, mit Hotels Rahmenabkommen zu schließen, weil Sie als Einkäufer meinen, eine bessere Empfehlung abgeben zu können als die Reisenden, die vor Ort bereits ihre Erfahrungen mit den Übernachtungsmöglichkeiten gemacht haben. Der findige Reisende hat bereits herausgefunden, wo er gut übernachten kann, um zum Beispiel am kommenden Tag an einem Meeting teilzunehmen oder einen Kunden oder Lieferanten zu besuchen. Ich rate sehr stark dazu, mit den Hotels zu verhandeln, die ihre Reisenden bereits ausgesucht haben. Dies hat zudem den Vorteil, dass Sie in der Ausschreibung die Qualität des Hotels nicht bewerten müssen.

Es gibt hier auch einen anderen Ansatz: Die GBTA (Global Business Travel Association) – ein Zusammenschluss globaler Travel Manager – hat ein standardisiertes Ausschreibungsformular für den Hoteleinkauf mit mehreren hundert Fragen zum Hotelstandard-

entwickelt. Dieses Vorgehen ist für den Einkäufer (und für die Hotels) sehr aufwändig. Ich beschreibe daher das aus meiner Sicht einfachere und praktikablere Verfahren, sich Hotels für die Ausschreibung herauszusuchen, die auch in der Vergangenheit bereits die Top-Hotels Ihrer Reisenden waren. Die einzige Ausnahme können neue Hotels sein, die in der Nähe Ihrer bisher genutzten Hotels liegen.

Der Einkaufshebel für das Hotelprogramm ergibt sich bei größeren Unternehmen meistens daraus, dass man die Anzahl der genutzten Hotels insgesamt minimiert und in die am meisten genutzten Häuser noch mehr Umsätze konsolidiert.

4.2.3 Teilnehmerkreis Hotelausschreibung

Für die Hotelverhandlung sind Standorte interessant, an denen das Volumen von 100 Roomnights im Jahr auf ein Hotel konzentriert werden können. Erst ab dieser Größenordnung lohnt es sich im Allgemeinen, einen Hotelvertrag zu schließen. Ein Standort ist in der Regel eine Stadt. Bei größeren Städten sollte man innerhalb des Stadtgebietes noch die Lage der Hotels vergleichen. Insbesondere Messehotels, Flughafenhotels und Innenstadthotels sind nicht unbedingt miteinander vergleichbar und austauschbar. Teilnehmer der Hotelausschreibung sollten daher die Hotels sein, die in den TOP-Standorten, die Sie identifiziert haben, auch bisher die meisten Übernachtungen hatten.

4.2.4 Aufbau des Hotel-RFP

Tabelle 4.3 zeigt, welche Komponenten die Anfrage für einen Hotelvertrag (RFP, „Request for Proposal", Aufforderung zur Angebotsabgabe)enthalten sollte.

Die Anzahl der Roomnights soll dem Hotel signalisieren, wie viel Geschäft in dem kommenden Jahr zu erwarten ist. Sie können hier entweder den Wert eintragen, der laut Ihrem Hotelreporting in der Vergangenheit erreicht wurde. Wenn Sie aber die Chance haben, noch mehr Übernachtungen in das Hotel zu bringen, weil zum Beispiel noch Roomnights in anderen Hotels am gleichen Standort vorhanden sind, können Sie dem Hotel auch eine Steigerung anbieten. Um die Preiselastizität des Hoteliers zu erfragen, können Sie die Roomnights auch wie folgt anbieten:

Nehmen wir an, Sie hatten im Vorjahr 200 Roomnights in dem Hotel. Ihre Reisenden haben aber insgesamt 400 Nächte an dem Standort verbracht. Sie trauen sich aufgrund der Lage des Hotels zu, die Roomnights auf 300 zu erhöhen. Dann könnten Sie drei verschiedene Preise vom Hotel anfordern, je nachdem, wie viele Roomnights Sie einbringen können (vgl. Tab. 4.4).

Wenn das Hotel Ihnen jetzt verschiedene Preise je nach Roomnightanzahl gibt, wissen Sie, wie sehr der Preis nachgeben wird, wenn Sie mehr Volumen in das Hotel steuern.

Tab. 4.3 Inhalte des Hotel-RFP

Anzahl Roomnights	Anzahl der angestrebten Roomnights für den Vertragszeitraum, diese sollte von Ihnen vorgegeben werden
Preis Einzelzimmer	
Preis Doppelzimmer	
Preis Frühstück	
Preis Parken	
Preis W-LAN	
Ausschlusszeiten	Messezeiten, die vom Hotel vorgegeben werden. Sie können die Anzahl der Ausschlusszeiträume begrenzen
Messepreise	
Last Room Availability	Hier äußert sich das Hotel dazu, dass auch das letzte freie Zimmer zu den angebotenen Preisen angeboten wird

Tab. 4.4 Differenzierung der Preiseinholung nach Anzahl der Roomnights

Roomnights Standort	Angebot 1	Angebot 2	Angebot 3
400	100	200	300

▶   Zwischenruf: Aber wie soll ich das steuern? Die Reisenden suchen sich das Hotel doch selbst aus.

Sie haben tatsächlich die Möglichkeit, auch über das Hotelprogramm zu steuern. Prinzipiell werden Hotels, mit denen Sie einen Rahmenvertrag abgeschlossen haben, von den Reisenden gern gebucht. Dazu muss das Hotel natürlich auch von der Lage und der Ausstattung her den Wünschen des Reisenden entsprechen. Oft hat man gerade an größeren Standorten die Situation, dass mehrere gleichwertige Hotels genutzt werden, der Etat verteilt sich auf diese Hotels. Ihre Steuerung könnte jetzt darin liegen, dass Sie nicht mit allen Hotels einen Rahmenvertrag schließen sondern, nur mit denen, die Ihnen preislich entgegenkommen. Dazu ist es notwendig, dass Sie vorher anfragen, was passiert, wenn die Anzahl der Roomnights sich erhöht. Außerdem sollten Sie möglichst viel mit den Reisenden kommunizieren und zum Beispiel das Hotel, in das Sie lenken wollen, über das Intranet oder auf Veranstaltungen besonders hervorheben (s. Kap. 7).

Die Ausschlusszeiten definieren die Zeiträume, in denen die angebotenen Preise nicht gelten. Meist sind das die sogenannten Messezeiten. Man kann diese Zeiten zum Teil verhandeln, insbesondere kann man die Anzahl der Messezeiträume verhandeln.

Die Last Room Availability sagt aus, dass den Reisenden der Firma auch das letzte freie Zimmer zu dem vereinbarten Preis angeboten wird. Das kann man zwar nicht überprüfen – das Hotel hätte immer die Chance bei einer guten Buchungslage Zimmer aus dem Verkauf herauszunehmen und nur noch Vollzahlern anzubieten. Trotzdem sollte man diesen Passus vereinbaren.

In der Hotellerie werden Preise meistens als Bruttopreise angegeben. Man sollte in dem RFP kennzeichnen, dass es sich um Bruttopreise handelt.

Das Frühstück wird derzeit aufgrund der unterschiedlichen Mehrwertsteuerbelastung (die Übernachtung wird mit 7 % versteuert, das Frühstück mit 19 %) fast immer auch getrennt angeboten. Um eine einheitliche Bewertung vorzunehmen, sollte man das Frühstück immer getrennt bepreisen lassen. Die Rate setzt sich dann aus einer Übernachtung und dem Frühstück zusammen.

Teilweise legen Hotels heute das Frühstück auch mit anderen Leistungen wie zum Beispiel einem freien W-LAN-Zugang zusammen und titulieren das Ganze als „Business Package". Auch dieses gehört aus Einkäufersicht mit zu der Hotelrate, es soll lediglich vermieden werden, dass der Preis des Frühstücks explizit auf der Rechnung ausgewiesen wird.

4.2.5 Bewertung der Hotelangebote und Verhandlungen

Je nachdem, in welcher Form Sie den RFP verschickt haben, werden Sie die eingehenden Hotelangebote in eine Übersicht bringen müssen, um festzustellen, ob Sie einen weiteren Verhandlungsbedarf haben. In Excel könnte man zum Beispiel eine Arbeitsmappe erstellen, in der pro Standort ein Arbeitsblatt erstellt wird. Hier können Sie die Hotelangebote untereinander oder nebeneinander stellen und sich einen Überblick verschaffen.

Sie können die angebotenen Raten jetzt vergleichen:

- Untereinander, also zwischen den verschiedenen Hotels
- Mit der durchschnittlich erzielten Übernachtungsrate des Vorjahres in dem Hotel
- Mit der durchschnittlich erzielten Übernachtungsrate des Vorjahres an dem Standort
- Insbesondere bei neuen Hotels mit veröffentlichten Raten in Hotelportalen oder auf der Internetseite des Hotels

Es empfiehlt sich, die ersten Verträge mit einigen Hotels gleich zu schließen, wenn man feststellt, dass der Preis stimmt und es sich um einen weniger wichtigen Standort handelt. Für die Top-Standorte sollte man genau analysieren, mit welcher Zusammenstellung das Hotelportfolio am erfolgreichsten wird. Firmen mit einem Volumen von 1.000 oder mehr Roomnights pro Standort können durch eine Konzentration auf wenige Rahmenvertragshotels deutliche Preisvorteile erzielen. Allerdings gibt es auch hier Grenzen, die sich insbesondere an der Bettenanzahl der Hotels orientieren. Selbst größere Hotels geben im Preis bei über 2.000 Übernachtungen im Jahr nicht mehr nach. Wenn sie ganz ehrlich sind, signalisieren die Hoteliers in diesen Stückzahlen sogar, dass sie nicht mehr Roomnights von einem Kunden möchten. Dieser Effekt liegt in dem Yield-Management der Hoteliers begründet: Eine hohe Anzahl an Roomnights, die durch Übernachtungen von Reisenden großer Unternehmen abgenommen werden, bringt dem Hotelzwar eine gute Auslastung. Allerdings sinkt der Durchschnittsertrag. Daher hat jedes Hotel eine Grenze, wie viele Roomnights zu stark rabattierten Raten im Durchschnitt verkauft werden sollen.

Nachverhandlungen mit einzelnen Hotels sind durchaus möglich. Auch diese können per E-Mail stattfinden, ein Besuch in dem einen oder anderen Hotel öffnet weitere Möglichkeiten auch der Preisfindung.

4.2.6   Der Hotelvertrag

Ein Hotelvertrag wird im Normalfall vom Hotel ausgestellt. Für Firmen, in denen jeder Vertrag von der Rechtsabteilung geprüft werden muss, kann das ein Problem darstellen. Es ist in der Praxis allerdings ein mindestens ebenso großes Problem, wenn das Unternehmen den kompletten Beherbergungsvertrag mitsamt AGB vorgeben will, zumal es in der Branche keinen Standard gibt. Ich halte es daher für praktikabler, im Falle der Einzelübernachtung den Vertragstext der Hotels zu akzeptieren.

Worauf Sie achten sollten, ist insbesondere die Stornierungsfrist. Eine Einzelübernachtung sollte generell bis 18 Uhr am Tag der Anreise kostenfrei stornierbar sein. Wichtig ist auch ein Blick auf die Ausschlusszeiten: Es sollte vermieden werden, dass zu viele Messezeiten in dem Vertrag die günstigen Firmenraten aushebeln. Ganz selten kommt es in der Hotellerie vor, dass sogenannte „Malus"-Regelungen in den Hotelverträgen auftauchen. Diese beinhalten Rückzahlungsklauseln für den Fall, dass die angestrebte Zahl an Roomnights für den Vertragszeitraum nicht erreicht wird. Eine derartige Regelung sollte auf keinen Fall akzeptiert werden.

4.2.7   Das optimale Hotelprogramm

Ein gutes Hotelprogramm entwickelt sich über mehrere Jahre. In dem ersten Wurf sollte man eher im Blick haben, dass man mit den Rahmenverträgen den Bedarf an Übernachtungen für die Standorte, die man verhandelt, in etwa abdecken kann. Die Rahmenverträge können nie den Bedarf zu 100 % abdecken:

- Standorte unter 100 Roomnights im Jahr sollten nicht verhandelt werden. Hier sind ihre Reisenden auf den freien Markt angewiesen.
- Auch an den Top-Standorten können Sie den Bedarf nicht zu 100 % abdecken: Es gibt Spitzenzeiten, zu denen sämtliche Rahmenvertragshotels ausgebucht sein werden und es gibt immer wieder Gründe, auch Hotels vom freien Markt zu nehmen. Diese können ja auch durchaus günstiger sein.

Das Hotelprogramm kann im Laufe der Zeit insbesondere dadurch optimiert werden, dass die Anzahl der Lieferanten sukzessive minimiert wird. Dabei können vergleichbare Hotels konsolidiert werden.

Sie sind nicht verpflichtet, die Roomnightangabe, die dem Hotelvertrag zu Grunde liegt, zu erfüllen. Malusvereinbarungen sind in der Hotelbranche nicht üblich. Sie werden es aber im folgenden Verhandlungsjahr merken, ob die Vereinbarungen in etwa erfüllt wurden. Das Hotel wird Ihnen einen noch besseren Preis anbieten, wenn Sie die Erwartungen gerade bei einer Steigerung erfüllt haben. Die Fähigkeit, die Reisenden „steuern" zu können verschafft dem Einkäufer gegenüber dem Hotel eine Glaubwürdigkeit und damit den besten Einkaufshebel. Wie Sie die Steuerung am besten umsetzen, erfahren Sie in Kap. 7.

4.2.8   Die Projektrate

Einige Unternehmen mit einem projektgetriebenen Geschäft (wie zum Beispiel Medienunternehmen, Unternehmensberater oder Betreiber von Großbaustellen) benötigen Hotelverträge nicht Jahr für Jahr für die gleichen Standorte sondern haben einen Bedarf für einen begrenzten Zeitraum. In diesen Fällen können Sie einen Hotelvertrag über eine Projektrate verhandeln. Das lohnt sich auch schon für Projekte ab 30 Roomnights, wenn Sie den Prozess schlank halten. Auch hier gilt, dass Ihre Verhandlungsposition sich verbessert, wenn Sie dem Hotel klar den Bedarf definieren können. Bei Projektraten ist es insbesondere auch wichtig, welche Wochentage durch die Übernachtungen hautsächlich betroffen sind.

4.3   Rahmenverträge mit Mietwagengesellschaften

4.3.1   Der RFP für die Mietwagenausschreibung

Es ist eine Herausforderung, sämtliche Informationen zusammenzutragen, die man eigentlich für eine Mietwagenausschreibung benötigt. Zunächst einmal ist es wichtig, herauszufinden auf welchem Marktsegment man sich bewegt.

In der Regel wird das die sogenannte **Kurzzeitmiete** sein. Hier ist die Anmietdauer des einzelnen Fahrzeugs kurz – in der Regel unter einem Monat. Diese Anmietung ist der Normalfall im Rahmen der Geschäftsreise. Bei der **Langzeitmiete** ab einem Monat Dauer handelt es sich meistens um eine Alternative zum Leasing, zum Beispiel zur Überbrückung, bis ein bestelltes Auto geliefert wird oder aber auch zur Stellung eines KFZ für den Mitarbeiter während der Probezeit. Die Langzeitmiete ist gegenüber dem Leasing aufgrund der Flexibilität attraktiv.

In der Regel wird man auch über den **KFZ-Bereich** sprechen und nicht über den **LKW-Bereich,** für den es ebenfalls einen interessanten Mietwagenmarkt gibt. Wir werden uns in diesem Rahmen auf die Kurzzeitmiete von PKW beschränken.

Für den RFP einer Mietwagenausschreibung gilt es, das Volumen genau zu beschreiben. Da das Volumen der größte Verhandlungshebel im Mietwagenmarkt ist, gilt es, den Bedarf möglichst genau zu beschreiben, um Preisvorteile zu erzielen. Welche Dimensionen Sie dafür ermitteln bzw. in dem RFP abfragen sollten, zeigt die Tab. 4.5.

Tab. 4.5 Inhalte des RFP für Mietwagengesellschaften

Wagenklassen	Definition s. u., der Preis sollte pro Wagenklasse abgefragt werden
Anmietstationen	An welchen Standorten muss die Mietwagengesellschaft vertreten sein?
Anzahl der Anmietungen und Miettage	Das Mengengerüst benötigen Sie sowohl für die Wagenklassen als auch für die Anmietstationen
Differenzierung Preis nach Buchungsweg	Mietwagengesellschaften bieten meist unterschiedliche Preise für Online- und Offlinebuchungen an
Enthaltene Versicherung	Haftpflicht, Voll- und Teilkasko, teilweise Insassenversicherung
Höhe der Selbstbeteiligung	Bei der Kaskoversicherung unterscheiden die Mietwagengesellschaften teilweise pro Wagenklasse, ggf. sogar nach Modell
Zuschläge für Airports oder Bahnhöfe	Bei der Abholung des PKW an Flughäfen oder Bahnhöfen fallen in der Regel Zuschläge an
Zustellgebühr	Für Hauptstandort können Sie vereinbaren, dass die Mietwagen zu Ihrem Standort zugestellt werden
Winterreifenzuschlag	Generell sollten in den Wintermonaten (von Oktober bis Ostern) nur PKW mit Winterreifen an Ihre Reisenden ausgegeben werden
Zuschlag für Navigation	
Kosten Nachbetankung	Diese Kosten sollten bei einer Tankmenge bis zu 2 Litern ausgeschlossen werden
Servicekomponenten	Bevorzugte Abfertigungsschalter am Flughafen, vereinfachte Ausstellung von Mietverträgen durch Datenspeicherung etc.

Die Autovermietungen teilen Kraftfahrzeuge in bestimmte Mietwagenklassen ein. Leider ist die Modellzuordnung in die Mietwagenklassen und die Bezeichnung der Klassen nicht ganz einheitlich. Das erschwert insbesondere die Vergleichbarkeit der Angebote.
  Grob gesagt gibt es die vier folgenden Kategorien:

- Economy (z. B. Polo)
- Compact (z. B. Golf)
- Intermediate (z. B. A4)
- Full size (z. B. A6)

Die Mietwagengesellschaften selbst unterscheiden hier noch feiner, allerdings mit unterschiedlichen Bezeichnungen und Modellzuordnungen.

▶   Zwischenruf: In unserem Unternehmen fahren wir nur in der Golfklasse. Dann muss ich doch eigentlich die anderen Wagenklassen gar nicht ausschreiben?

In den meisten Reiserichtlinien der Unternehmen ist die Golfklasse als Standard vorgeschrieben. Wenn Sie eine Auswertung der bisher genutzten Mietwagen vorliegen haben und die Reiserichtlinie tatsächlich so umgesetzt wird, dann können Sie sich zumindest im

Angebotsvergleich tatsächlich auf die Compact-Klasse beschränken. Das macht die ganze Ausschreibung natürlich sehr viel schlanker. Ich würde mir dennoch auch für die anderen Klassen einen Preis geben lassen, weil es doch immer wieder vorkommt, dass andere Modelle gewählt werden, z. B. bei Fahrten mit mehreren Personen.

Der Mietwagenpreis unterscheidet sich häufig auch bei den Nebenleistungen:

- Die wichtigste Nebenleistung sind die Versicherungen. Leider unterscheiden sich die Selbstbeteiligungen bei der Kasko zwischen den Gesellschaften sehr stark. Zum Teil wird auch zwischen den Mietwagenklassen oder sogar zwischen einzelnen Modellen differenziert.
- Für die Abholung an Flughafen und Bahnhof fallen Zuschläge an. Diese sollten zumindest zum Teil in den Vergleich einbezogen werden.
- Winterreifen sind zwar Pflicht, dennoch verkaufen die Mietwagengesellschaften den Winterreifen immer noch als Sonderleistung, die vom Kunden bezahlt werden muss.
- Das Navigationsgerät muss auch extra bezahlt werden.

4.3.2   Auswahl des Vertragspartners

Neben dem Preis sollten Sie vor allem darauf Acht geben, dass die Mietwagengesellschaft die Standorte, an denen Ihre Reisenden Anmietungen vornehmen, auch abdeckt. Das kann manchmal gerade mit Unternehmen, die in der Fläche agieren, ein Thema sein. Der beste Preis bringt Ihnen nichts, wenn die Anmietung zu umständlich ist.

Sollte eine Mietwagengesellschaft an einem für Sie wichtigen Standort nicht vertreten sein, können Sie mit dem Anbieter besprechen, ob eine Anlieferung zu dem Standort für den Anbieter möglich ist und zu welchen Kosten. Gegebenenfalls bietet Ihnen die Mietwagengesellschaft sogar eine kostenlose Anlieferung an, sofern sie damit den Gesamtetat gewinnen können.

Da das Volumen für den Preis so wichtig ist, halte ich nicht für richtig, das Volumen auf mehrere Anbieter zu verteilen, um die Abdeckung besser darzustellen. Eine Teilung des Etats kommt eigentlich nur dann in Frage, wenn Ihr Volumen an einem Standort so groß ist, dass ein Anbieter zu Peakzeiten Ihren Bedarf nicht abdecken kann. Ansonsten würde ich immer nur mit einer Mietwagengesellschaft einen Vertrag abschließen. Dieser sollte neben einem guten Preis auch eine gute Abdeckung der Standorte bieten.

Der Mietwagenmarkt ist ein sehr preisaggressiver Markt. Die Angebote bei Ausschreibungen sind häufig von den Anbietern sehr gut, mit denen Sie heute noch nicht zusammenarbeiten. Ein Wechsel ist daher von Zeit zu Zeit unumgänglich. Sie können aber natürlich auch immer die Angebote der Konkurrenz nutzen, um den bestehenden Anbieter im Preis zu drücken.

▷   Fazit: Der Mietwagenetat sollte immer auf einen Anbieter konzentriert werden,
     um die besten Preise zu erhalten. Der Anbieter muss die Hauptstandorte, an
     denen Anmietungen vorgenommen werden, abdecken.

4.3.3   Der Vertrag mit der Mietwagengesellschaft

Der Vertrag mit der Mietwagengesellschaft regelt neben den vereinbarten Konditionen
insbesondere auch die Buchungswege und die Bezahlung der Mietwagenleistungen.
    Als Buchungswege für den Mietwagen bieten sich folgende an:

* Buchung über das Reisebüro
* Buchung über eine OBE
* Buchung über das Web-Portal der Mietwagengesellschaft
* Telefonische Buchung über die Mietwagengesellschaft

Die Anbieter bevorzugen die Buchung über die eigene Webseite. Auch hier erhalten Sie
einen geschützten Firmenbereich, den Sie als Link in Ihrem Unternehmen veröffentlichen
müssen. Die telefonische Buchung bei der Mietwagengesellschaft sowie die Buchung über
das Reisebüro werden meist von den Mietwagenanbietern mit höheren Preisen („Offline"-
Preisen) versehen, um von diesen Buchungskanälen wegzulenken.
    Bei der OBE gibt es verschiedene Varianten, zum Teil werden die Webseiten der Anbie-
ter direkt in die OBE eingebunden, zum Teil greift die OBE auf das Reservierungssystem
und damit auf die Offline-Preise zurück.
    Der normale Zahlungsweg für die Mietwagenbuchung ist die private Kreditkarte des
Mitarbeiters oder die Corporate Card. Diese muss in der Regel sowieso als Sicherheit hinterlegt werden. Der Vorteil dieser Zahlungsart ist auch, dass der Reisende die Mietwagenrechnung über die Reisekostenabrechnung abrechnet. Dadurch entsteht nicht neben der
Mietwagenrechnung ein weiterer Vorgang in der Buchhaltung.
    Man kann als Unternehmen auch die Zahlung über Einzel- oder Sammelrechnung ver-
einbaren. Einige Mietwagengesellschaften bieten auch die Zahlung über die Firmenkreditkarte an. Das Unternehmen erhält dann ebenfalls eine Sammelrechnung, die auch elektronisch weiterverarbeitet werden kann. Zu bedenken ist, dass gerade im Mietwagenbereich
jede Rechnung kontrolliert werden sollte. Die Fehlerquote der Rechnungen ist relativ hoch
und gerade Schäden oder nachträgliche Betankungen durch die Mietwagengesellschaft
müssen kontrolliert werden. Das kann in der Regel nur der Fahrer selbst.
    Ein beliebter Weg, die Abholung des Fahrzeugs und die Identifizierung als Mitarbeiter
der Firma zu vereinfachen ist die Ausgabe von Kundenkarten durch den Mietwagenanbieter. Das ist auch für das Unternehmen ein probates Mittel, man muss nur bei einem
Wechsel des Anbieters die Kundenkarten austauschen.
    Die Kundenkarten ermöglichen auch die Nutzung weiterer Serviceleistungen der Miet-
wagengesellschaften wie zum Beispiel die bevorzugte Abfertigung durch Express- oder

Tab. 4.6 Buchungskanäle für die Bahnbuchung

Buchungskanal	Rabatthinterlegung
Bahn online	Web-Portal der Bahn, ein spezieller Link für den geschützten Firmenbereich muss veröffentlicht werden
Reisebüro	Dem Reisebüro muss der Firmenvertrag mit der Bahn mitgeteilt werden
OBE	Wie Reisebüro, der Firmenvertrag wird hinterlegt
App	Auch hier kann das Firmenkunden Benutzerkonto hinterlegt werden

Businessschalter am Flughafen. Diese Zusatznutzen sollten bei den Mietwagengesellschaften im Rahmen einer Ausschreibung für alle Reisende oder für Vielreisende abgefragt und vereinbart werden, da sie die Dienstreise erheblich vereinfachen.

4.4   Rahmenverträge mit der Bahn

4.4.1   Die Bahn-Corporate-Rabattstaffel

Die Bahn macht es uns einfach. Man kann sich online bei der Bahn als Unternehmen registrieren und ein Firmenabkommen schließen. Die Rabattstaffel, die man erhalten kann wurde seit 2014 auf höchstens 5 % festgelegt je nach Volumen, das mit der Bahn erzielt wird. In den Genuss eines Rabattes kommt man ab einem jährlichen Bahnvolumen von 3.000 €. Hier erhält man einen Rabatt von 3 %. 5 % erhält man ab einem jährlichen Volumen von 200.000 €. Für Großunternehmen gibt es weitere Prozentpunkte, die verhandelt werden können.

Der Rabatt wird sofort von den gebuchten Bahntickets in Abzug gebracht. Die Herausforderung, diesen Rabatt zu realisieren liegt häufig darin, den Buchungsweg für Bahntickets so zu kanalisieren, dass der Rabatt auch bei jedem Bahnticket zum Tragen kommt. Hierfür gibt es mehrere Wege (vgl. Tab. 4.6).

Die meisten Missverständnisse entstehen durch die Nutzung der öffentlichen Web-Seite der Bahn. Wenn die Mitarbeiter hierüber die Tickets bei der Bahn ordern, wird weder der Firmenkundenrabatt angewendet noch zählt das Ticket für die Ermittlung der Rabattstufe mit.

Es können für die Rabattstufe auch Umsätze aus den unterschiedlichen Buchungskanälen aufsummiert werden. Das passiert automatisch, wenn überall der Firmenvertrag hinterlegt ist.

Bahncards für Firmenreisende mit der Bahn-Corporate-Rabattstaffel sind etwas teurer als die normalen Bahncards. Sie sollten aber unbedingt angewendet werden, der Aufpreis für das Bahn Corporate Programm lohnt sich schnell.

4.4.2   Preisoptimierung im Bahneinkauf

Neben der Rabattstaffel gibt es drei Mittel, den Bahneinkauf zu optimieren:

- Vorgabe einer Reiseklasse
- Sparpreise
- Bahncard

Die Frage, ob erster oder zweiter Klasse gereist werden darf, wird in der Reiserichtlinie geregelt. Der Preisunterschied ist nennenswert. Allerdings sollte man in seine Überlegungen mit einbeziehen, dass die Bahn teilweise auch in Konkurrenz zu Flugstrecken steht. Dann sieht der Preisvergleich häufig auch noch gut aus, wenn man die erste Klasse bucht. Für viele Reisende ist die erste Klasse zudem attraktiv, weil sie in der Bahn arbeiten. Das ist in der ersten Klasse auf jeden Fall besser möglich als in der gedrängteren zweiten Klasse.

Die **Sparpreise** spielen im Geschäftsreisebereich eher eine untergeordnete Rolle. Sie unterliegen einer Zugbindung, d. h. sie gelten nur für eine bestimmte Verbindung, die gebucht wurde. Daher passen sie häufig nicht zu der gewünschten Flexibilität. Außerdem sind die Sparpreise häufig nur langfristig buchbar.

Das Steuerungselement im Bahneinkauf ist allerdings die **Bahncard**. Die Bahn bietet derzeit drei Produkte an, die sich durch den Rabatt unterscheiden, den man sich mit der Bahncard einkauft: 25, 50 oder 100 %.

Die Bahncard 100 ist zu vernachlässigen, sie lohnt sich nur für Bahnfahrer, die auf Extremstrecken pendeln.

Ein Schattendasein führt leider immer noch die Bahncard 25 in den Unternehmen. Dabei lohnt sich die Anschaffung häufig schon ab zwei längeren Fahrten, auf denen sie angewendet wird. Sie lohnt sich aufgrund der geringeren Anschaffungskosten auch viel öfter als die Bahncard 50, die dennoch in vielen Unternehmen häufiger angeschafft wird.

Die Anschaffung von Bahncards wird in den meisten Unternehmen viel zu restriktiv gehandhabt. Wahrscheinlich herrscht eine Angst, dass viele Reisende die Bahncard auf Firmenkosten anschaffen und dann privat nutzen. Dadurch verlieren viele Firmen aus den Augen, dass hier Geld für das Unternehmen verloren geht. Derzeit lohnt sich die Ausgabe einer Bahncard 25 definitiv ab einer jährlichen Ausgabe von 500 €!

Die Bahncard ist mit dem der Bahn-Corporate-Staffel-kombinierbar, das heißt, der Rabatt wirkt auch auf den durch die Bahncard verminderten Tarif.

Hinderungsgrund gerade für den Einkäufer hier einzugreifen ist häufig der administrative Aufwand, der mit der Ausgabe von Bahncards verbunden ist. Häufig wird dieser an das Reisebüro ausgelagert. Das Reisebüro kann dann die Bahncardbestellung für die Reisenden vornehmen und fungiert auch noch als Kontrollinstanz bezüglich der Wirtschaftlichkeitsbetrachtung, ob eine Bahncard für den Reisenden wirtschaftlich ist und welche Bahncard gewählt werden sollte.

Tab. 4.7 Kostenstruktur der Visumsbeschaffung	Lieferant	Kosten
	Reisebüro	Transaktionsgebühr
	Visaagentur	Beschaffungsgebühr
	Botschaft/Konsulat	Visumsgebühr

4.4.3   Reporting im Bahn-Corporate-Programm

Ein weiterer Vorteil des Bahn-Corporate-Programms ist das verfügbare Reporting. Dabei können Sie sich als Einkäufer aus meiner Sicht darauf beschränken, die Bahncard-Nutzung zu überprüfen sowie die Nutzung der Buchungskanäle zu Kontrollen.

4.5   Sonstige Dienstleister im Geschäftsreisebereich

Neben den Hauptlieferanten Flug, Bahn, Mietwagen und Hotel gibt es weitere Dienstleister im Geschäftsreisebereich, mit denen Rahmenabkommen geschlossen werden können.

Unternehmen, die stark international tätig sind, schließen zum Teil eigene Abkommen mit Agenturen, die die Visabesorgung übernehmen. Die meisten Unternehmen beziehen die Visa über das Reisebüro, wobei auch die Reisebüros in der Regel mit einer Agentur zusammen arbeiten. Dadurch sind die Kosten bei der Visabesorgung dreistufig (siehe Tab. 4.7).

Bei der Visumsbeschaffung über das Reisebüro fällt mit der Transaktionsgebühr eine extra Kostenposition an, die durch einen Direktvertrag mit der Agentur umgangen werden kann. Allerdings sollten dann auch separate Preise mit der Agentur verhandelt werden, weil diese sonst über denen des Reisebüros liegen. Die Komplexität für das Unternehmen kann bei einer direkten Beschaffung über die Agentur größer sein, weil ein gesonderter Prozess zur Visabeschaffung angestoßen werden muss. Es gibt kaum ein größeres Ärgernis, als dass ein Geschäftsreisender am Zielort nicht einreisen kann, weil ihm ein Visum fehlt.

Weitere Dienstleister, die von Unternehmen optimiert werden können sind Taxiunternehmen oder spezielle Dienstleister für den Flughafentransfer. Bitte bedenken Sie, wenn Sie sich damit beschäftigen, unbedingt den Prozess, den Sie auslösen. Ich habe in meiner Praxis sowohl für die Sammelabrechnung von Taxiunternehmen als auch für den Versuch, Fahrgemeinschaften für Flughafentransfers zu bilden, so viele nicht funktionierende Prozesse gesehen, dass ich nur davon abraten kann, aufgrund von Einsparungen im Taxibereich zu stark in die Planung der Geschäftsreise einzugreifen. Hier wäre es vorteilhaft, wenn die Reisebüros ihre Pläne eines „door to door"-Konzepts weiterbringen würden. Diese gehen von einer Betreuung des Reisenden von seiner Haustür bis zur Eingangstür seines Zielortes aus, der Transfer würde dann vom Reisebüro mit bestellt werden. Aus meiner Sicht gibt es hier aber bisher nur zaghafte Ansätze.

Ein wachsender Bereich im Geschäftsreisesektor ist der Sicherheitsbereich, hier verweise ich auf das Kap. 12.

Reisebüros (Travel Management Companies)

5

5.1 Ein kurzer Überblick über den nationalen und globalen Reisebüromarkt

Die Reisebürolandschaft in Deutschland und global hat sich in den letzten Jahren sehr stark konsolidiert. Zahlen über Umsätze der Geschäftsreisebüros sind nicht einfach und bei einigen gar nicht zu bekommen. Das liegt insbesondere daran, dass einige Reisebüroketten keine eigenen Zahlen für den Business Travel veröffentlichen. Das rein touristische Geschäft unterscheidet sich aber so stark von dem Geschäftsreisebereich, dass eine Darstellung nach Marktanteilen auf den Business Travel Markt beschränkt sein sollte. Mittlerweile hat man auch die Ausbildungswege zwischen touristischem Bereich und Geschäftsreisebereich unterschieden. Selbst die Reservierungssysteme sind für diese Bereiche unterschiedlich, ganz zu schweigen von den unterschiedlichen Beratungen und den erforderlichen Zielgebietskenntnissen. Im Umkehrschluss sollte man für den Geschäftsreisebereich unbedingt einen Reisebüroanbieter wählen, der auf diesen Bereich spezialisiert ist und nicht – was manchmal der Fall ist – ein touristisches Reisebüro, das die eine oder andere Firma „nebenbei" mit betreut. Die Agenten des Reisebüros, die für Ihr Unternehmen zuständig sind, sollten ausschließlich im Geschäftsreisebereich tätig sein.

Als erstes führe ich die Reisebürounternehmen auf, die sowohl global als auch in Deutschland als Geschäftsreisebüro eine führende Position einnehmen und die als internationale Konzerne aufgestellt sind.

R. Mahnicke, *Business Travel Management*,
DOI 10.1007/978-3-658-02933-3_5, © Springer Fachmedien Wiesbaden 2013

Konzerne	Beschreibung
BCD Travel	Sitz der Muttergesellschaft ist in den Niederlanden. In dem Unternehmen sind die ehemaligen Reisebüros First, Hapag Lloyd, TQ3 und andere zusammengewachsen. In Deutschland Nr. 1, weltweit Nr. 3 der Rangliste
Carlson Wagonlit Travel CWT	Aus Frankreich kommend. Weltweit Nr. 1 oder 2, in Deutschland Nr. 2 oder 3
American Express	Aus den USA kommend, eine von der Kreditkarte unabhängige Reisebürokette, weltweit führend, in Deutschland unter den großen fünf
Hogg Robinson HRG	Aus England kommend, in Deutschland wurden u. a. die Unternehmen BTI Eurolloyd und dadurch die ehemaligen Breuninger Reisebüros aufgekauft. Gehört ebenfalls zu den Global Playern
FCM Travel Solutions	Die FCM-Gruppe kommt aus Australien. In Deutschland sind die ehemaligen DER-Geschäftsreisebüros hier aufgegangen (die ehemaligen Reisebüros der Bahn)

Als zweite Gruppe gibt es die Franchise-Anbieter. Dahinter verbergen sich mittelständische Reisebüros, die sich unter einem Franchise Anbieter zusammengeschlossen haben.

Franchise	Beschreibung
DERPART	Hier sind die ehemaligen Franchisepartner der Bahn gelandet. DERPART bietet ebenfalls eine globale Lösung mit dem Partnernetzwerk Radius an
FIRST Business Travel	Franchise Unternehmen mit dem internationalen Partnernetzwerk ITP
Lufthansa City Center LCC	Mit dem Produkt Partner Plus bietet der Franchisegeber eine eigene Business-Travel-Linie an, die globale „eigene" Franchisenehmer vorweisen kann

Als eine Besonderheit auf dem Markt ist das Geschäftsreisebüro Egencia zu sehen, das ein Tochterunternehmen des weltweit größten touristischen Portals Expedia ist. Egencia arbeitet allerdings nicht wie ein klassisches Web-Portal sondern eher wie ein klassisches Geschäftsreisebüro. Neben einer Online-Betreuung gibt es auch weiterhin das klassische Agententeam, das den Kunden telefonisch betreut.

Eine weitere Sonderrolle in Deutschland spielen franchise-unabhängige mittelständische Reisebüros, die sich auf den Geschäftsreisebereich spezialisiert haben, zum Beispiel BTO24 (Business Travel Organizer) als Reisebüro mit einer Spezialisierung auf mittlere und kleine Unternehmen.

Es gibt auch Reisebüros innerhalb von Großunternehmen, die vor allem die Geschäftsreisen der eigenen Konzernmitarbeiter organisieren, wie zum Beispiel bei BMW.

Das alles sind Beispiele, die sich gerade mit Blick auf den globalen Markt beliebig fortführen lassen. Jedes Land und jede Region hat dabei ihre eigenen Player, die aber dann nicht unbedingt global tätig sind. Als Beispiel sei hier der führende Geschäftsreiseanbieter in Spanien genannt: Das ist die Corte Inglés Gruppe – bei uns eher als Kaufhausgruppe bekannt.

5.2   Servicekonfigurationen des Reisebüros

5.2.1   Der Buchungsvorgang im Reisebüro

Die Kundenbetreuung im Geschäftsreisebereich ist kaum noch durch einen tatsächlich persönlichen Kontakt geprägt. Die Kommunikation ist hier wie auch in anderen Bereichen auf das Telefon und E-Mail-Kontakt ausgewichen. Daher haben gerade die Konzern-Reisebüros die Betreuung auf wenige Standorte in Deutschland konzentriert, in denen die Reisebüroagenten in Teams verschiedene Firmen der Region betreuen, sogenannte **Business Travel Center**. Diese Call-Center sind mit einer umfangreichen Technologie versehen und Experten mit einem jahrelangen Hintergrund als Geschäftsreisespezialist beraten die Kunden.

Der Service in den Business Travel Centern wird bei großen Kunden von einem speziell für den Kunden zuständigen Team erbracht. Man spricht hier von einem „designated team", wenn ein Team mehrere Kunden betreut, es aber sichergestellt ist, dass der Kunde nur eine begrenzte Anzahl von Agenten hat, die für ihn zuständig sind. Diese Betreuungsform sollte man auch als Minimum einfordern. Es ist im Geschäftsreisebereich wichtig, dass der Reisebüroagent die Reisegewohnheiten des Kunden kennenlernt, die Beratung wird dadurch effektiver und häufig auch einkäuferisch erfolgreicher.

Bei größeren Etats kann man die etwas teurere Betreuung durch ein „dedicated Team" einfordern. Hier ist ein Team in dem Business Travel Center ausschließlich für einen Kunden zuständig.

Eine andere immer wieder populäre Betreuungsform ist die des Reisebüros im eigenen Haus, dem sogenannten **Implant**. Hier sitzen Reisebüromitarbeiter in einem Büro auf dem Firmengelände des Kunden. Diese Betreuungsform ist für Firmen relevant, die über ein größeres Volumen verfügen und die neben der reinen Reisebuchung eine stärkere Integration des Reisebüroagenten in die eigenen Abläufe wünschen. Das kann zum Beispiel die Mitwirkung bei der Reiseplanung sein oder auch bei der Reisekostenabrechnung.

Für speziellere Anfragen bilden die größeren Reisebüros interne Spezialistenteams, die die Agenten bei der Ausarbeitung von Reisen unterstützen. Manchmal ist bereits die Bahnfahrkarte eine derartige Anforderung. Die Erstellung von Bahnfahrkarten weicht derart von der Buchung von Flügen ab, dass diese häufig in einem eigenen Team bearbeitet werden. Einige Reisebüros bilden auch für komplizierte internationale Flugverbindungen Expertenteams.

Eine **24/7 Betreuung**, also eine Betreuung nach Büroschluss in den Business Travel Centern und am Wochenende, bietet heute kein Reisebüro am gleichen Standort. Meist wird ein Service über europäische Call-Center geboten. Mitarbeiter in diesen Call-Centern können zwar Buchungen einsehen und ändern, die von den Agenten, die das Unternehmen normalerweise betreuen, getätigt wurden. Allerdings hat man es auf jeden Fall mit anderen Mitarbeitern zu tun und muss die hinter der Reise liegenden Sachverhalte gesondert erklären. Dieser Service wird auch heute noch von den Reisebüros eher für Notfallsituationen und nicht für das normale tägliche Buchungsgeschäft angeboten.

Die persönliche Betreuung durch die Reisebüroagenten wird zur Erhöhung der Produktivität der Agenten und zur Vermeidung von Fehlern im Service immer mehr durch technische Routinen unterstützt. So kann die Einhaltung der im Firmenprofil vorgegebenen Reiserichtlinie (s. Kap. 7.2) automatisch durch Routinen überprüft werden. Entspricht eine Buchung nicht der Reiserichtlinie, wird diese nochmals zur Bearbeitung dem Reisebüroagenten zugespielt. Dieser kann die Abweichung entweder bestätigen oder muss die Buchung korrigieren. Auch die richtige Befüllung von Zusatzdatenfeldern für die korrekte verursachungsgerechte Buchung kann durch Prüfungsroutinen noch einmal validiert werden.

Für das Pricing wichtig sind zusätzliche Funktionen bei der Wartelistenverwaltung und der Validierung des Ticketpreises bei der Ausstellung der Tickets:

Die Wartelistenverwaltung informiert den Agenten, wenn in einem Flugzeug, das der Kunde nutzen wollte, und das bisher ausgebucht war, durch die Stornierung eines anderen Fluggastes ein Platz frei geworden ist.

Bei der Validierung des Ticketpreises vor der Ausstellung gibt es mehrere Spielarten. Hintergrund ist das permanente Yield Management der Airlines, das dazu führt, dass ein Preis, nachdem ein Ticket gebucht wurde, noch fallen kann. Wenn das Ticket nicht sofort ausgestellt werden muss (Ausstellungsfrist, s. Kap. 4.1.1.), wird der kundige Agent schon aus diesem Grund mit der Ausstellung bis zum letztmöglichen Tag warten. Eine automatisierte Software unterstützt ihn dabei, dass er während dieser Zeit in dem Moment die Buchung zur Wiederbearbeitung erhält, wenn der aktuelle Preis unterhalb des bisher gebuchten Preises liegt.

Immer wichtiger für die Preisfindung wird auch, dass der Agent nicht nur die Preise, wie sie im Reservierungssystem zu finden sind, zur Verfügung hat. Es muss bei einigen Strecken und Anbietern auch auf Web-Angebote hingewiesen werden. Hier arbeiten die Reisebüros derzeit gerade fieberhaft an Lösungen, diesen Medienbruch besser zu integrieren. Für das Reisebüro bedeutet jede Web-Buchung heute einen deutlichen Mehraufwand bei der Buchung im Vergleich zur Buchung im Reservierungssystem. Da aber die Leistungserbringer immer wieder darauf drängen, gerade günstige Angebote nicht in das Reservierungssystem zu bringen, sind die Reisebüros darauf angewiesen, für sich Lösungen zu finden, Web-Buchungen in den normalen Reisebüroprozess zu integrieren. Das ist aus meiner Sicht bisher noch keinem Anbieter hundertprozentig gelungen.

Diese technischen Möglichkeiten bietet den Reisebüros teilweise das Reservierungssystem. Die großen Reisebüros haben darüber hinaus eigene Systeme entwickelt, die den Agenten bei der Arbeit unterstützen sollen und zur Qualitätssicherung der Arbeit dienen.

Die Ticketausstellung ist wie im Kap. 3 beschrieben immer noch ein notwendiger Prozess, obwohl kein Papierticket mehr produziert wird. Dieser Prozess ist in den Reisebüros zu einem großen Teil vollkommen automatisiert, d. h. es gibt eine Ticketstraße in einem sogenannten Back Office, in dem dieser Prozess von Agenten nur noch überwacht wird.

▷   Zwischenruf: Verfügen denn alle Reisebüros über derart viele technische
     Möglichkeiten?

In diesem Punkt unterscheiden sich die großen Reisebüroketten von mittelständischen Anbietern. Diesen hohen Automatisierungsgrad bieten die großen Reisebüros in den Business Travel Centern in einem erheblicheren Ausmaß als der mittelständische Franchisenehmer der vielleicht nur eine Handvoll Agenten im Geschäftsreisebereich hat. In einem überschaubaren Umfeld können hier aber gut geschulte erfahrene Agenten zu gleich guten Ergebnissen kommen. Der Unterschied ist für mich, dass die Arbeit dieser Agenten einer geringeren Qualitätskontrolle unterliegt. Fehler können dadurch unbemerkt entstehen und sich in solchen Momenten häufen, wenn z. B. ein wichtiger Mitarbeiter ausfällt.

Auf der anderen Seite können automatisierte Prozesse (Gott sei Dank) im Geschäftsreisebereich einen guten erfahrenen Mitarbeiter nicht ersetzen. Daher sollte bei der Auswahl des geeigneten Reisebüros immer die Kompetenz des angebotenen Teams im Mittelpunkt stehen. Hier können gerade die mittelständischen Reisebüros gut punkten.

Die Betreuung sehr großer Reiseetats (mehrere Millionen € pro Jahr) wird nur in Ausnahmefällen an mittelständische Reisebüros vergeben. Häufig reichen hier die Kapazitäten gar nicht aus, um derartige Kunden zu betreuen.

▷   Zwischenruf: Muss ich mich als Einkäufer mit den technischen Möglichkeiten
     des Reisebüros beschäftigen? Für mich zählt doch eher der Output. Wie das
     Reisebüro den besten Preis findet – ob mit einem guten Mitarbeiter oder mit
     umfangreichen technischen Qualitätskontrollen – ist doch eigentlich egal.

▷   Antwort und Fazit: Die Beschäftigung mit den internen Prozessen des Reise-
     büros ist für den Einkäufer manchmal unausweichlich. Da er nicht die Qualität
     jedes einzelnen Flugtickets und des dahinter liegenden Pricings kontrollieren
     kann, muss er hinterfragen, wie das Reisebüro die Qualität des Pricings und der
     Abläufe sicherstellt. Hierzu bieten mittelständische Reisebüros und die großen
     Ketten unterschiedliche Lösungen: Während die großen Ketten einen hohen
     Automatisierungsgrad betreiben, setzen mittelständische Reisebüros mehr auf
     eine Qualitätskontrolle durch ihre Mitarbeiter. Beim Pricing komplexer Flug-
     tickets sind in jedem Fall weiterhin gut ausgebildete Experten gefragt. Es ist
     daher wichtig, dass als Minimumanforderung das betreuende Reisebüro über
     Experten im Business Travel verfügt und nicht nur Kenntnisse im touristischen
     Markt hat.

5.2.2   Das Reisebüro als Wächter der Reiserichtlinie

Eine wesentliche Funktion des Reisebüros ist die Sicherstellung eines zentralen Prozesses bei der Reisebuchung. Nur über ein Reisebüro oder über eine stringente Online-Buchungsmöglichkeit kann der Einkäufer sicherstellen, dass Rahmenabkommen sinnvoll

Abb. 5.1 Das Reisebüro stellt
zentralen Prozess sicher

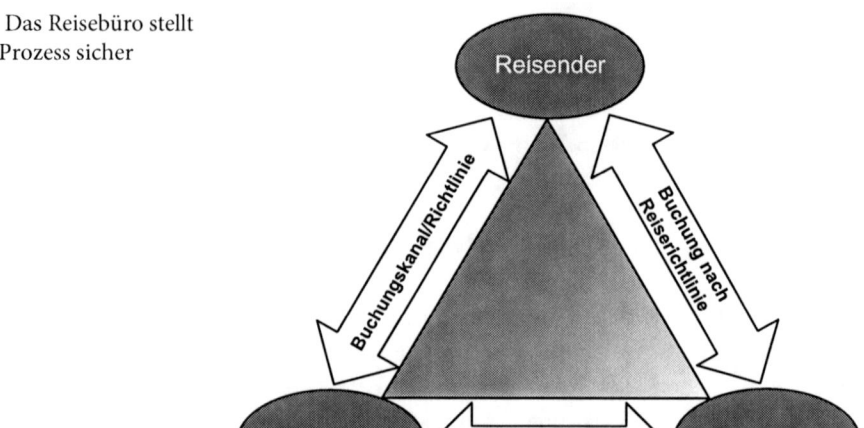

genutzt werden, dass Reisestandards eingehalten werden und dass zum Zeitpunkt der Buchung ein transparenter Marktüberblick zur Verfügung gestellt wird.

Die Abb. 5.1 nimmt noch einmal die Grafik in ähnlicher Form auf, mit deren Hilfe die Rolle des Einkäufers im Kap. 1.1. definiert wurde. Das Reisebüro stellt den Prozess sicher, den der Einkäufer als Beschaffungsprozess definiert. Hierzu benötigt der Reisebüroagent genaue Verhaltensanweisungen, in welchem Rahmen er den Buchenden beraten darf und welche Reiseleistungen er für den Reisenden buchen darf. Im Allgemeinen ist es die Reiserichtlinie, die diesen Rahmen setzt. In komplexeren Unternehmen bedarf es darüber hinaus aber oft noch weiterer Absprachen.

Einfach ist die Rolle des Reisebüros anhand der Business/Economy Regelung erklärt:

In der Reiserichtlinie kann ein Unternehmen zum Beispiel definieren, dass die Business Class nur bei interkontinentalen Flügen mit einer Flugdauer von mindestens sechs Stunden genutzt werden darf. Mit dieser Definition kann der Reisebüroagent dem Reisenden für einen Flug innerhalb Europas nur Flüge in der Economy Class anbieten. Dieses Vorgehen wird in den mir bekannten Fällen auch relativ stringent und problemlos gelebt. Die Reiserichtlinie ist damit über das Reisebüro einfach durchgesetzt. Wenn der gleiche Reisende seine Flüge nicht über das Firmen-Reisebüro sondern über andere Wege buchen würde, wäre diese Kontrolle nicht gegeben und es wäre nicht gesichert, dass die Reiserichtlinie eingehalten wird.

Kehren wir aber zu den Zumutbarkeitskriterien zurück, wie wir sie in Kap. 4.1.2. definiert haben, so könnte in der Reiserichtlinie auch stehen, dass immer der zum Zeitpunkt der Buchung günstigste Flug gebucht werden soll. Das könnte so definiert sein, dass es dem Reisenden zuzumuten ist, seinen europäischen Flug auch zwei Stunden früher anzutreten, wenn dadurch mindestens 200 € gespart werden könnten. Hier entsteht in der Praxis häufig ein erhöhter Beratungsaufwand beim Reisebüro.

▶   Zwischenruf: Aber mal ehrlich, ich kann mir nicht vorstellen, dass der Reisebüromitarbeiter den Reisenden dazu bewegen kann, einen günstigeren Flug
zu nehmen. Wenn der Reisende eine Wunschverbindung hat, steht doch der
Reisebüromitarbeiter hier auf verlorenem Posten.

Das hängt im Wesentlichen davon ab, wie die Reiserichtlinie in Ihrem Unternehmen gelebt wird. Wenn der Reisende hier auf eine andere – vielleicht zeitlich für ihn günstigere
aber für das Unternehmen teurere –Variante besteht, kann der Reisebüromitarbeiter als
Dienstleister nur so bestimmt auftreten, wie er Rückendeckung von dem Unternehmen
als Gesamtkunden hat. Was er mindestens kann – und das sollte er tun – ist, dass er dem
Reisenden die günstige Version und die von dem Reisenden gewünschte Alternative zur
Auswahl gibt. Wählt der Reisende die Alternative und nicht den günstigsten Flug, kann
das Reisebüro die Mehrausgaben, die dadurch anfallen, als ein sogenanntes „Lost saving"
dokumentieren. Es ergeben sich jetzt verschiedene Spielarten, die im Vorwege mit dem
Reisebüro abgesprochen werden müssen:

• Der Reisebüroagent kann das Ticket zum höheren Preis ausstellen. Das Lost Saving
  fließt ein in einen monatlichen Report, in dem sämtliche Flüge ausgewiesen werden, die
  nicht zum günstigsten Preise ausgestellt wurden mitsamt der Differenz zum günstigsten
  Preis.
• Es kann ein Genehmigungsweg ausgelöst werden: Bei Abweichung von der Reiserricht-
  linie muss zum Beispiel der Vorgesetzte des Reisenden der Mehrausgabe noch einmal
  zustimmen.

5.2.3   Das Account Management

Über das tägliche Buchungsgeschäft hinaus verlagert sich die Rolle des Reisebüros immer
mehr in Richtung einer ausgelagerten Einkaufsabteilung. Je nach Größe des Kunden wird
dafür ein gesonderter Kundenbetreuer zur Verfügung gestellt, der Account Manager.
   Der Account Manager sollte für das Unternehmen als Reisebürokunden mindestens
einmal im Jahr – bei größeren Kunden auch gern einmal im Quartal die wichtigsten Umsatzzahlen des Kunden zu einem Reporting zusammenstellen (siehe Kap. 5.2.4. Reporting).
Bei kleineren Kunden kann das auch gern in Form einer online zur Verfügung gestellten
Auswertung geschehen. Darüber hinaus kann der Account Manager Travel Management
Aufgaben für das Unternehmen übernehmen:

• Bei Verträgen mit Airlines bietet sich eine Beratung durch das Reisebüro an. Mit welchen Airlines sollten Verträge geschlossen werden? Welche Strecken sollten sinnvoller-
  weise verhandelt werden?

- Auch bezüglich der Reiserichtlinie kann der Account Manager vermittelnd tätig werden, wenn zum Beispiel eine Reiserichtlinie im täglichen Buchungsgeschäft zu komplex ist.
- Generell kann der Account Manager eine Rolle als Bindeglied zwischen Buchungsteam im Reisebüro und Buchenden beim Kunden sein. Bei Problemen kann er als vermittelnde Instanz fungieren.
- Bei größeren Projekten wie zum Beispiel der Einführung einer OBE sollte der Account Manager des Reisebüros dem Einkäufer zur Seite stehen.

Der Account Manager sollte seine Kunden über Marktentwicklungen rechtzeitig informieren und aus eigenem Antrieb notwendige Maßnahmen mit dem Kunden besprechen. Dadurch kann der Kunde an Marktentwicklungen partizipieren, ohne den Etat immer wieder neu ausschreiben zu müssen. Beispiele für solche Marktentwicklungen könnten sein:

- Eine Verschiebung in den Marktanteilen oder Streckenangeboten der Airlines, die eine Justierung der Rahmenabkommen notwendig machen.
- Änderungen in der Angebots- oder Preisstruktur der Airlines, die ein verändertes Buchungsverhalten der Kunden erfordern. So könnte zum Beispiel der Account Manager den Kunden darauf hinweisen, wenn sehr hohe Preise auf einer Strecke bezahlt werden und diese sehr stark frequentiert wird. Hier können Informationen für die Buchenden, dass ein Flug für diese Flugstrecken frühzeitig gebucht werden sollte, sehr hilfreich sein.
- Der Account Manager könnte auf neue Produkte des Reisebüros, wie zum Beispiel Apps für Verspätungsmeldungen etc. hinweisen.

Ein Account Management kann auf verschiedene Weise angeboten werden. Während große Accounts mit mehreren hundert Reisenden sicherlich mit einer persönlichen Betreuung durch einen Account Manager gut beraten sind, können kleinere und mittlere Firmen auch mit anderen Mitteln, wie zum Beispiel einem inhaltlich gut abgestimmten Newsletter und einem Portal zum Abrufen der eigenen Umsatzzahlen gut betreut werden.

▶   Zwischenruf: Kann ich denn davon ausgehen, dass ein Account Manager neutral ist? Berät er mich richtig, wenn ich Verträge mit Airlines schließe oder hat er ein Eigeninteresse, weil zum Beispiel die Airlines eigene Verträge mit den Reisebüros geschlossen haben.

Tatsächlich definieren sich Reisebüros immer noch als Mittler und haben eigene finanzielle Absprachen mit den Airlines, sodass eine hundertprozentige Neutralität nicht gewährleistet ist. Die Bedeutung dieser Abkommen gegenüber den Gebühren, die von den Kunden eingenommen werden (siehe Kap. 5.1.2.) nimmt immer weiter ab. Insofern entwickeln die Reisebüros hier eine neue Rolle, indem Sie bei Vertragsverhandlungen den Kunden neutral beraten. Gerade in dem Account Management sehen viele Reisebüros eine für sie strategisch und finanziell wichtige Zusatzeinnahme. Einige Unternehmen gehen sogar den Weg, die Einkaufsleistung für den Geschäftsreisebereich zu 100 % an das Reisebüro abzugeben, indem sie einen Auftrag für ein Travel Management im Outsourcing an das Reisebüro vergeben. Das mag in Hinsicht auf den Travel-Markt an sich, also für Airline-abkommen etc. praktikabel sein. Die Steuerung des Einkaufs in das Unternehmen hinein, bleibt aber häufig eine interne Funktion, die sich nicht outsourcen lässt.

5.2.4   Zusätzliche Travel Management Dienstleistungen

Eine weitere zusätzliche Dienstleistung, die Reisebüros gerade großen Unternehmen mit einer entsprechenden Sicherheitsabteilung anbieten, ist die Versorgung der Sicherheitssysteme mit Daten. Das können zum einen Sicherheitswarnungen sein („alerts"), Reisewarnungen zum Beispiel, die über Naturkatastrophen, Bürgerkriege und andere Ereignisse informieren. Zum anderen können die Reisenden über die Buchungen lokalisiert werden, sodass sie aus Krisengebieten herausgeholt oder zumindest dort kontaktiert werden können. Mehr dazu lesen Sie in Kap. 12.

Auch im IT-Bereich bieten die Reisebüros immer mehr Dienstleistungen an, um den Geschäftsreiseprozess zu unterstützen:

- Erwähnt wurde bereits, dass die Reisebüros als Reseller eine OBE für die Onlinebuchung zur Verfügung stellen können. Neben einem Implementierungsaufwand, den das Reisebüro sich bezahlen lässt, fallen dann häufig nur noch laufende Gebühren an, die über eine Transaction Fee abgedeckt werden können.
- Eine Vorstufe zur OBE ist häufig ein Travel-Portal, das vom Reisebüro gestellt wird. In diesem Portal können zum Beispiel die Profildaten der Reisenden und Travel Arranger erfasst werden, es kann ein Flugplan ohne Verfügbarkeitsanzeige integriert werden. Das Travel Portal kann mit dem Intranet verlinkt werden und kann als Gesamteinstiegsseite für den Geschäftsreisebereich im Unternehmen dienen. So kann man dort auch die anderen Links für die firmenbezogenen Portale für Bahn-, Mietwagen- und Hotelbuchung hinterlegen.
- Einige Reisebüros bieten auf Wunsch und gegen gesonderte Gebühr auch eine automatisierte Genehmigungslösung für Reisegenehmigungen vor der Buchung an. Dieser Genehmigungsprozess lässt sich in der Regel leichter in den Buchungsprozess integrieren als ein unternehmensinterner Genehmigungsprozess.
- Auch eine Reisekostenabrechnung wird von einigen Reisebüros als Lizenzprodukt angeboten.
- Speziell für Reisende und Buchende werden die Informationen zur Verbesserung der Reise und zur Vermeidung von Reisestress immer mehr in den Fokus gerückt: Hier reicht die Palette von zusätzlichen Informationen zum Flugplan (Reisepläne mit Lageplänen der Flughäfen, Links zu Mietwagenanbietern und Hotels vor Ort) bis zur modernen App, die den Reisenden auf dem Reiseweg begleitet, mit deren Hilfe er vielleicht auch noch ein Taxi ordern kann und aktiv auf Flugverspätungen hingewiesen wird.

Man spricht hier in der Reisebürowelt von „door to door"-Konzepten. Damit meint man Lösungen, die den Reisenden von der eigenen Haustür bis zum Eingang in das Bürogebäude am Zielort begleiten und unterstützen.

Das sind alles nur Beispiele für weitere Dienstleistungen der Reisebüros. Sie sollen eine Anregung sein, sich mit dem Dienstleister zusammen zu setzen und mit dem Reisebüro ein Dienstleistungspaket zu schnüren, das sich in den Unternehmensprozess gut einfügt. Die reine Buchungsfunktionalität ist heute schon und wird in Zukunft noch viel mehr durch das Internet und durch immer intelligentere OBE-Angebote eher in den Hintergrund der Reisebürodienstleistung treten. Dagegen werden Account Management und eine hoch spezialisierte Prozessunterstützung mehr in den Fokus gebracht.

▶ Fazit: Neben der Buchungsabwicklung nimmt die Kundenbetreuung durch den Account Manager des Reisebüros eine immer wichtigere Rolle ein. Gerade für den Einkäufer ist der Account Manager der wichtigste Ansprechpartner, wenn es zum Beispiel um die Verhandlung mit Fluggesellschaften geht.

5.2.5 Wie wird die Leistung des Reisebüros vergütet?

Es gibt verschiedene Vergütungsmodelle für Reisebüros. Durchgesetzt hat sich allerdings vor allem eine Vorgangsgebühr, die sogenannte **Transaction Fee**. Die Transaction Fee wird bei der Ticketerstellung vom Reisebüro direkt mit erhoben. Bevor wir uns näher damit beschäftigen, werfen wir einen kurzen Blick auf das dazu alternative Modell, die sogenannte **Management Fee**. Diese wird als prozentualer Aufschlag auf die vermittelten Leistungen oder als fixer Betrag einmal pro Monat oder pro Jahr erhoben. Beide Vergütungsformen können kurz nebeneinander gestellt werden (Tab. 5.1).

Die Transaction Fee hat somit den Vorteil, dass sie verursachungsgerecht auf die Kostenstellen mitbelastet wird, die die Reisebuchung getätigt haben. In den meisten Firmen ist das die einzig praktikable Lösung, weil eine zentrale Stelle das Budget für die Reisebüroleistung gar nicht tragen kann.

Die Management Fee macht es dem Einkäufer manchmal einfacher, eine Akzeptanz dafür zu schaffen, dass jede Reiseleistung über das Reisebüro gebucht wird. So ist es Reisenden manchmal bei günstigen Inlandsflügen oder Bahn- oder Hotelbuchungen nicht einsichtig, eine Gebühr von ca. 20 € für die Buchung zu bezahlen. Sie weichen dann auf andere Buchungsmöglichkeiten aus, was dann zum Maverick Buying, also zu eine wilden Einkauf, führt. Bei der Management Fee sind sämtliche Dienstleistungen bereits abgedeckt und der einzelne Bucher „sieht" die Reisebürovergütung nicht. Die Management Fee kann außerdem eingesetzt werden, um die Reisebüroleistung zu inzentiveren. Eine **Incentivezahlung** für das Reisebüro kann sich orientieren an

• einer jährlich durchzuführenden Zufriedenheitsumfrage unter den Buchenden und Reisenden,

Tab. 5.1 Transaction Fee vs. Management Fee

	Transaction Fee	Management Fee
Höhe	Richtet sich nach der Art des Tickets (z. B. Inlandsticket, Europaticket, Interkontinentalticket)	Prozentualer Aufschlag auf die vermittelten Reiseleistungen oder fixe Summe
Rechnungsstellung	In einem Abrechnungsvorgang mit der Hauptreiseleistung zusammen	Als gesonderte Rechnung monatlich oder jährlich
Kostenstellenverteilung	Erfolgt auf die gleiche Kostenstelle wie die Hauptreiseleistung	Wird zentral auf eine Kostenstelle berechnet

- einer Einkaufsindexmessung (eingekaufte Reiseleistungen durch das Reisebüro gemessen an einem vorher festzulegenden Marktindex) oder
- am Erfolg gemeinsam durchgeführter Projekte, zum Beispiel der Einführung einer OBE.

Vertiefen wir aber noch die am meisten verbreitete Vergütungsart, die Transaction Fee. Die Transaction Fee wird differenziert nach der Art der gebuchten Reiseleistung. Normalerweise erhält man von dem Reisebüro eine Gebührentabelle, anhand derer man die Gebühren für die einzelnen Transaktionsarten ablesen kann. Hier kann der Teufel im Detail stecken, daher erhalten Sie mit der Übersicht in Tab. 5.2 auch einige Hinweise zur Berechnungsform der Transaktionsgebühren.

Die Buchungsgebühren des Reisebüros werden bei dem Einsatz einer OBE nach dem Buchungskanal in eine Online- und eine Offlinegebühr differenziert. Die Offlinegebühr beinhaltet dann die persönliche Betreuung durch den Reisebüroagenten über das Telefon oder E-Mail und der Ticketausstellung. Die günstigere Onlinegebühr beinhaltet die Nutzung der OBE und das Ticketing über das Reisebüro. Die Senkung der Reisebürogebühr durch die günstigeren Online Transaction Fees kann ein Grund für den Einsatz einer OBE sein. Das sollte aber nie der einzige Grund sein.

Es ist nicht die Intention dieses Buchs, Marktinterna in Form von Preisen offenzulegen. Wichtig ist bei der Transaktionsgebühr, dass es Unterschiede auf dem Markt gibt, die sich insbesondere durch die Umsatzvolumina der Kunden erklären: Große Unternehmen mit höheren Reiseetats zahlen deutlich geringere Gebühren für die einzelne Transaktion. Es ergibt sich somit eine hohe Differenzierung der Gebühren nach Art der Reiseleistung, Online- oder Offline-Buchung und Gesamtvolumen des Kunden.

▷   Fazit: Die gängige Abrechnungsform für die Reisebüroleistung ist die Transaction Fee. Sie wird direkt mit der vermittelten Leistung berechnet und dient der verursachungsgerechten Zuordnung der Kosten. Sie wird differenziert nach Leistungsart und Buchungskanal, das Preisniveau wird deutlich durch die Größe des Gesamtetats beeinflusst.

Tab. 5.2 Transaction Fee

Reiseleistung	Erläuterung	Berechnungstakt
Flug innerdeutsch	Pro Flugticket mit Ziel und Landung in Deutschland	Abrechnung pro Flugticket, das kann ein Hin- und Rückflug für eine Gebühr sein, wenn beide in einem Ticket ausgestellt werden oder je eine Gebühr für ein Ticket je Richtung
Flug Europa	Pro Flugticket mit Start und Ziel in einem europäischen Land	s. o.
Flug Interkontinental	Pro Flugticket mit Start in Europa und Ziel außerhalb Europas	s. o.
Umbuchung/Stornierung	Gesonderter Preis für die Umbuchung oder Stornierung eines Tickets	Wird erst fällig, wenn das Ticket bereits ausgestellt wurde
Web Fares/Low Cost	Pro Flugticket, in der Regel wenn der Tarif nicht über das Reservierungssystem buchbar ist und über das Web gebucht werden muss	Meist pro Vorgang, also Hin- und Rückflug gemeinsam
Bahnticket innerdeutsch	Preis pro Ticket	Wenn Hin- und Rückfahrt in einem Ticket ausgestellt werden, ist nur eine Gebühr fällig, in der Regel inklusive Reservierung. Einige Reisebüros bauen hier Niederschwellenwerte ein. Für eine Buchung unterhalb des Wertes, zum Beispiel eine einzelne Reservierung, ist dann keine Transaction Fee notwendig
Bahn international	s. o.	s. o.
Mietwagen	Preis pro Anmietung	Ggf. höhere Gebühr, wenn die Buchung nicht über das Reservierungssystem möglich ist
Hotel	Preis pro Anmietung	Ggf. höhere Gebühr, wenn die Buchung nicht über das Reservierungssystem möglich ist
Visabesorgung	Preis pro Visum	Enthält die Reisebüroleistung ggf. auch die Gebühren eines externen Dienstleisters

Insgesamt machen die Reisebürogebühren im Verhältnis zu den über das Reisebüro eingekauften Leistungen nur zwischen 3 und 6 % auf den Gesamtetat gesehen aus. Im Kap. 11 zur Reisebüroausschreibung werden wir noch einmal dezidierter darauf eingehen, dass es daher bei der Auswahl der Reisebüropartner mehr Gewicht darauf gelegt werden muss, dass das Reisebüro effektiv und wirtschaftlich für das Unternehmen einkauft. Es ist daher wichtiger, dass ein kompetenter und gut ausgebildeter Mitarbeiter am anderen Ende der Telefonleitung sitzt, als dass bei der Reisebürogebühr der letzte Cent gut ausgehandelt ist.

Zum Teil werden Reisebürodienstleistungen, die über das Buchungsgeschäft hinausgehen, gesondert in Rechnung gestellt. Das können Dienstleistungen im Rahmen des Account Managements sein aber auch ganz profane Dinge. So nehmen immer mehr Reisebüros eine Gebühr für die Zusendung von Rechnungen in Papierform. Dieser Sondergebühr kann man zum Beispiel dadurch entgehen, dass man eine Kreditkarte zur Abrechnung zwischenschaltet.

Ausschreibung der OBE und von Internetportalen

6

6.1 Onlinebuchungsmaschinen: Ein Reisebüro für den Reisenden

6.1.1 Direktvertrag oder Resellervertrag

Die prinzipielle Funktionsweise von Online Booking Engines wurde bereits in Kap. 3.5 beschrieben. Zur Wiederholung: Eine OBE greift im Flugbereich ebenfalls als Hauptbuchungsquelle auf ein Reservierungssystem zurück. Für die Ticketausstellung wird ein Reisebüro als Fullfilmentpartner zwingend benötigt. Im Flugbereich ist es heute nicht unbedingt vorteilhaft, sämtliche Buchungen über eine OBE zu lenken. Eine OBE ist insbesondere für sogenannte Punkt-zu-Punkt-Verbindungen sinnvoll. Umbuchungen und Stornierungen sollten ebenfalls nicht unbedingt über eine OBE abgewickelt werden. Das Unternehmen muss daher mehrere Verträge schließen, um eine OBE einsetzen zu können.

Wie die Abb. 6.1 zeigt, kann ein Direktvertrag mit einem OBE-Anbieter geschlossen werden. Dieser regelt die Nutzung des Systems über einen Lizenzvertrag sowie die Nutzung der Buchungsmöglichkeiten innerhalb der OBE. Die einzelnen Buchungen werden meist über eine Buchungsgebühr oder eine PNR-Gebühr abgegolten.

Gleichzeitig muss mit einem Reisebüro ein Vertrag für die Ticketausstellung geschlossen werden. Auch das wird mit einer entsprechenden Transaction Fee beglichen. Für komplexe Buchungen wird ein Vertrag mit dem Reisebüro über Offline-Buchungen geschlossen.

In der Regel kann man die Zusammenarbeit mit dem Reisebüro in einem Vertrag zusammenfassen: Das Reisebüro ist dann sowohl Offline-Reisebüro als auch Fulfilmentpartner für die OBE.

▶   Zwischenruf: Das ist aber sehr kompliziert. Ich möchte doch eher Prozesse zum Lieferanten verlagern und hier hole ich mir den gesamten Beschaffungsprozess ins Haus.

R. Mahnicke, *Business Travel Management*,
DOI 10.1007/978-3-658-02933-3_6, © Springer Fachmedien Wiesbaden 2013

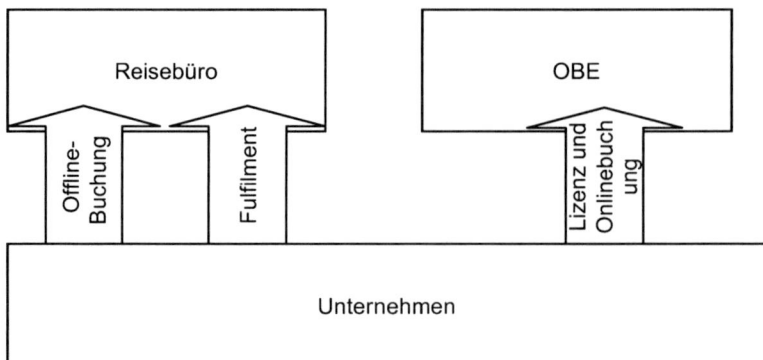

Abb. 6.1 Direktvertrag mit der OBE

Da gebe ich Ihnen Recht. Mit einem Direktvertrag mit der OBE geht oft einher, dass im Unternehmen eine Supportstruktur für den Betrieb eingerichtet werden muss. Das beginnt mit der Vergabe von Login-Daten, mit der Einrichtung und Pflege des Systems aber auch mit der Beantwortung von Fragen der Buchenden. Ein Direktvertrag mit einer OBE lohnt sich für Firmen mit einem Flugvolumen von mehreren Mio. € p.a., das vor allem aus onlinefähigen Buchungen besteht. Außerdem bedarf es der Bereitschaft, sich mit einer komplexen Struktur wie oben beschrieben auseinanderzusetzen.

Für den Einstieg und insbesondere für die Vielzahl von Unternehmen mit einem geringeren Flugetat hat sich auf dem Markt die gängigere Konstellation gebildet, dass das Unternehmen die Online-Buchungsmöglichkeit auch über das Reisebüro bezieht. Das Reisebüro erwirbt in diesem Fall Lizenzen bei der OBE, die es über einen sogenannten „Resellervertrag" an die Unternehmen weitergibt.

Wie die Abb. 6.2 zeigt, tritt das Reisebüro in diesem Fall über zwei Buchungskanäle auf: Einer Offlinebuchungsmöglichkeit und einer Onlinebuchungsmöglichkeit. Die Onlinebuchungsmöglichkeit kauft das Reisebüro über eine Lizenz beim OBE-Betreiber ein. In diesem Fall schließt das Unternehmen lediglich einen Vertrag mit dem Reisebüro und entrichtet in Form der Transaktion Fee die Buchungsgebühr an das Reisebüro. Dabei ist in der Transaktion Fee für die Onlinenutzung eine Gebühr für das OBE-System enthalten.

Der Resellervertrag hat für das Unternehmen den weiteren Vorteil, dass es bei der Einrichtung des Systems und dem täglichen Support eine Unterstützung im Reisebüro hat. Diese muss natürlich bezahlt werden, es müssen aber keine eigenen Resourcen aufgebaut werden.

Die großen Geschäftsreisebüros verhalten sich dabei insofern marktneutral, als dass sie mit mehreren OBE-Anbietern Lizenzverträge abgeschlossen haben. Den gesamten Markt der OBE-Anbieter deckt aber dabei kein Reisebüro vollständig ab. Je mittelständischer das Reisebüro ist, desto geringer ist hier die Auswahl. Das Unternehmen hat insofern auch die Qual der Wahl auf der Suche nach einer OBE-Lösung, wenn sie die OBE nur indirekt über ein Reisebüro bezieht.

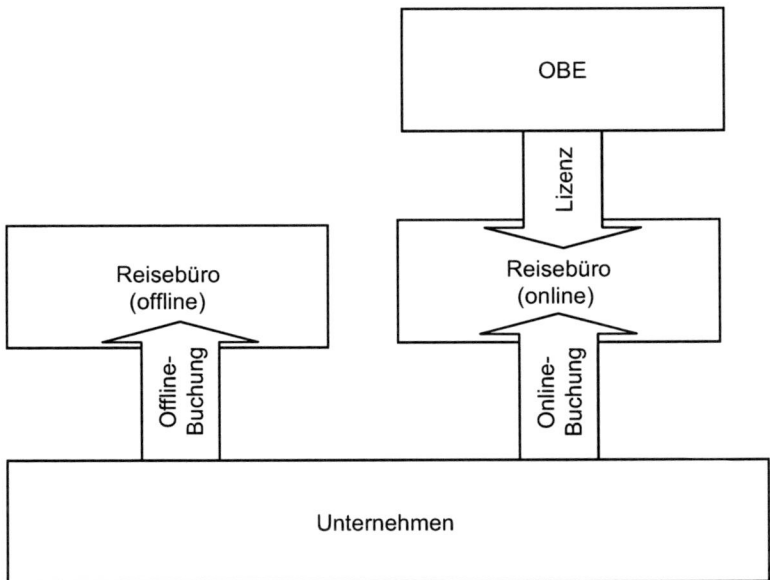

Abb. 6.2 Reisebüro als Reseller der OBE

Der Direktvertrag hat aus Kostengründen sehr viel Charme für große Unternehmen. Außerdem empfiehlt es sich, über einen Direktvertrag nachzudenken, wenn man die OBE sehr stark customizen oder in andere Systemwelten des Unternehmens einbinden will, z. B. in HR-Systeme mit Schnittstellen für die Reisendenprofile oder in Reisekostenabrechnungssysteme etc. Spätestens hier empfiehlt sich auch der Einsatz eines Beraters.

▶ Fazit: Ein Direktvertrag mit einem OBE-Anbieter erfordert die Bereitschaft des Unternehmens, einen komplexen Travel-Management-Prozess zu implementieren und selbst zu verwalten. Verbreiteter ist die Bereitstellung einer Online-Buchungsmöglichkeit durch das Reisebüro. Bei den großen Geschäftsreisebüros hat auch hier der Kunde ein Mitspracherecht, welche OBE dafür eingesetzt wird.

6.1.2 Marktüberblick

Es gibt kaum einen Markt im Geschäftsreisebereich, der sich derart rasant entwickelt wie der Markt der Online-Buchungs-Engines. Es ist nicht der Anspruch dieses Handbuchs, einen kompletten Überblick über diesen Markt zu geben. Ich beschränke mich auf die Nennung der Systeme, die derzeit mit den großen Geschäftsreisebüros einen Lizenzvertrag abgeschlossen haben oder von diesen angeboten werden. Darüber hinaus gibt es noch eine Vielzahl anderer Lösungen und es werden jährlich neue entwickelt (Tab. 6.1).

Tab. 6.1 Überblick OBE-Anbieter in Deutschland

Anbieter	Info
Cytric	Wahrscheinlich Marktführer in Deutschland aus dem Hause I:FAO
Onesto	Deutscher Anbieter
KDS	Französischer Anbieter
Amadeus e-Travel	Online-Buchungssystem des führenden Reservierungssystem-Anbieters in Deutschland
Concur	Aus dem angelsächsischen Raum mit starkem Zuwachs in Deutschland
Get there	Anbieter aus den USA

Von Reisebüroseite gehen FCM Travel und Egencia hier einen eigenen Weg:

FCM bietet neben einigen der oben genannten insbesondere sein eigenes Online-Buchungssystem Phönix an. Egencia bietet ein eigenes System und kooperiert meines Wissens nicht mit anderen OBE-Anbietern.

KDS, Concur und Get There bieten neben der Buchungsmöglichkeit auch insbesondere eine eigene Abrechnungsmöglichkeit für Reisekosten an. Diese Möglichkeit gibt es auch bei den anderen Anbietern, die für diesen Zweck Kooperationen mit Softwarehäusern geschlossen haben, die auf die Reisekostenabrechnung spezialisiert sind. Auch hier ist die Integration von Reisebuchung und Reisekostenabrechnung sehr weit fortgeschritten.

Multinationale Konzerne nutzen vor allem KDS, Concur und Get There, die anderen Anbieter spielen vor allem in Deutschland eine Rolle. Global ist hier zu beachten, dass die Systeme die lokalen Märkte, wie zum Beispiel lokale Bahnanbieter oder rein lokale Fluganbieter, in verschiedener Tiefe abbilden.

▶ Fazit: Es gibt eine Handvoll OBE-Anbieter in Deutschland. Der Markt ist ebenso wie der der Reservierungssysteme immer noch lokal ausgerichtet. Neue Anbieter drängen immer wieder auf den Markt.

6.1.3 Kriterien zur Auswahl einer OBE

Wie findet nun das Unternehmen eine passende OBE? Bei der Auswahl einer OBE sollte das Unternehmen zunächst einen Fokus darauf haben, für was die OBE eingesetzt werden soll und wie die Servicekonstellation insgesamt aussehen soll.

Wenn die OBE über einen Resellervertrag des Reisebüros eingekauft werden soll, ist das Reisebüro hier gleichzeitig Implementierungspartner. Es empfiehlt sich dann für einen tatsächlichen Marktvergleich, die Bereitstellung einer OBE mit Online-Buchungsmöglichkeit in die Reisebüroausschreibung (siehe Kap. 9) mit zu integrieren: Fragen Sie nach, welche OBE das Reisebüro empfiehlt, welche Kosten für das Unternehmen anfallen und welche Features die OBE bietet.

Bei der Ausschreibung eines Direktvertrages lohnt es sich, vorher den gesamten Reiseplanungs- und Buchungsprozess einmal durchzugehen und Schnittstellen mit der OBE zu beschreiben. Zu bedenken ist hier, dass Daten und Prozesse möglichst ohne Brüche ineinander übergehen sollten. Die Anbieter, die sowohl Buchungs- als auch Abrechnungsmöglichkeiten anbieten, sprechen gern davon, dass sie den gesamten Prozess in einem Total Travel Management System abbilden. Das Unternehmen steht aber dennoch auch hier vor der Herausforderung, wie dieses System in die bereits bestehenden Geschäftsprozesse und Systemlandschaften einzubetten ist.

Unabhängig davon, ob die OBE in einem Direktvertrag oder über das Reisebüro als Reseller eingeführt wird, sollte man sich folgende Features der OBE ansehen:

Wie funktioniert die Buchung in der OBE?

Testen Sie und lassen Sie Buchende die OBE auf Bedienerfreundlichkeit testen. Ist es zum Beispiel für einen Travel Arranger einfach, einen Überblick über die offenen Reisen der Mitarbeiter, für die er zuständig ist, zu bewahren? Wie werden Umbuchungsmöglichkeiten etc. dargestellt? Wie wird der Buchende auf den Best Buy, also die günstigste Möglichkeit innerhalb des Zeitfensters hingewiesen?

Wie kann die eigene Reiserichtlinie in der OBE abgebildet werden?

Hier ist es wichtig, dass der Genehmigungsprozess, eventuelle Höchstgrenzen bei der Hotelauswahl, Mietwagenkategorien und die Zumutbarkeitskriterien für den Flugbereich in der OBE gut dargestellt werden.

Wie werden Rahmenvertragspartner dargestellt?

Wünschenswert ist hier insbesondere im Hotelbereich, dass Rahmenvertragspartner immer als erste Auswahl vorgeschlagen werden. Auch wenn der Reisende eine verhandelte Rate bei einer Airline bucht, sollte er darauf hingewiesen werden.

Wie kann die OBE die spezifischen Prozesse des eigenen Unternehmens darstellen?

Wenn eine Reise vor der Buchung genehmigt werden soll, ist die OBE eine ideale Plattform dafür.

Welche Schnittstellen zu anderen Systemen ermöglicht die OBE?

So können zum Beispiel die Reisendenprofile über eine Schnittstelle zur Personalverwaltungssoftware überspielt werden. Es ist die Frage, ob ein Genehmigungsweg notwendig ist oder nicht. Buchungsdaten und Abrechnungsdaten können in die Reisekostenabrechnungssoftware übernommen werden.

Bei der Einführung einer OBE sollten auf jeden Fall der Betriebsrat und der Datenschutzbeauftragte mit involviert werden.

▶ Fazit: Bei der Auswahl der OBE sollte man erst einmal den Prozess definieren, wie die Buchung im eigenen Unternehmen durchgeführt werden soll und welche Schnittstellen zu anderen Systemen im Unternehmen notwendig sind.

6.2   World Wide Web: HRS, bahn.de & Co erobern die Geschäftsreise

Als Alternative zur OBE haben insbesondere in den Teilmärkten Bahn, Hotel und Mietwagen haben Web-Portale an Bedeutung im Geschäftsreisemarkt zugenommen (siehe
Kap. 3.6).

Eine Ausschreibung dieser Portale ist bei den anbieterbezogenen Portalen nicht notwendig. Die Einführung von Sixt.de oder Europcar.de kann die Folge einer Mietwagenausschreibung sein, bei der der entsprechende Anbieter den Zuschlag bekommen hat.

Bei der bahn.de ist eine Ausschreibung aufgrund der Monopolstellung des Anbieters
ebenso obsolet.

Allein Hotelportale gibt es mehrere auf dem Markt und aufgrund der Unabhängigkeit
vom Produkt, gibt es hier auch Ausschreibungen. Ein Hotelportal für den Geschäftsreisebereich unterscheidet sich in seinen Anforderungen erheblich von den Hotelportalen aus
dem touristischen Bereich:

- Das Portal muss einen geschützten Bereich für das Unternehmen bieten können.
- Firmeneigene Raten sollten hochgeladen werden können.
- Eine Speicherung von Profildaten sollte möglich sein, um die wiederkehrende Eingabe
  von persönlichen Daten zu vermeiden.
- Das Portal sollte dem Unternehmen ein Reporting über die gebuchten Leistungen ge-
  ben können.
- Unternehmen mit Travel Arrangern sollten darauf achten, dass es eine entsprechende
  Funktion im Portal gibt: Der Travel Arranger muss sich bestimmten Reisenden zuord-
  nen können und deren Buchungen (und Profile) verwalten können.

Einige Portale bieten darüber hinaus die Einbindung von Bezahl-Möglichkeiten über zentrale Kreditkarten an. Diesen Anforderungen folgend kann man für den deutschen Markt
einige Portale als im Geschäftsreisebereich für Einzelübernachtungen relevant nennen
(siehe Tab. 6.2).

Andere Portale wie zum Beispiel das in Deutschland sehr stark wachsende booking.
com bieten nicht die spezifischen Funktionen, die wir als für den Geschäftsreisebereich
wesentlich genannt haben. Das gilt insbesondere für den Fall, dass der Einkauf einer Vielzahl von Reisenden ein zentrales Tool für Buchungen zur Verfügung stellen will, über das
er den Hoteleinkauf steuern will.

Nicht einfach ist der Einsatz von Web-Portalen für den Bereich Flug. Es gibt hier meines Erachtens noch kein Tool, das für den gesteuerten Flugeinkauf genutzt werden kann.
Dieser Bereich ist dann auch bestens in die OBE-Welt integriert. Meist werden in den OBE
Abfragen parallel zum Reservierungssystem auch die zugänglichen Webseiten von Low-
Cost-Carriern mit abgefragt. Der Reisende erhält so einen transparenten Markt, in dem
er sowohl die Tarife, die im Reservierungssystem vorhanden sind als auch weitere (bisher
wenige) Tarife, die nur über das Web buchbar sind. Allein das ist ein großer Vorteil bei
dem Einsatz einer OBE.

Tab. 6.2 Hotelportale im Geschäftsreisebereich

Unternehmen	Kommentar
HRS (Hotel Reservation Service)	Marktführer mit Sitz in Köln
Hotel.de	Seit 2012 mehrheitlich im Besitz von HRS
CRC (Corporate Rates Club)	Hotelportal ausschließlich für den Business Travel
E-hotel	Ebenfalls stark auf den Geschäftsreisebereich konzentriert

Im Hotel-, Bahn- und Mietwagenbereich gibt es auch keinerlei Einschränkungen, was der Reisende online buchen darf. Auch Umbuchungen und Stornierungen sind über die Portale problemlos durchführbar.

Auch die Hotelplattformen, bahn.de und die Web-Plattformen der Mietwagenanbieter können in die OBE-Welt über verschiedene Wege eingebunden werden. Der Vorteil ist dann, dass die OBE eine Klammer um mehrere Buchungskanäle bildet. Der Buchende muss nicht von einem Link zum anderen gehen. Der Einkäufer sollte darauf achten, dass er von dem OBE-Anbieter oder dem Reisebüro ein Reporting über sämtliche Buchungen erhält, auch über die, die über die Web-Portale getätigt werden.

▶   Fazit: Eine Ausschreibung von Internetportalen im Geschäftsreisebereich kommt in der Regel nur für die anbieterunabhängigen Hotelportale in Betracht. Bei den anderen Portalen folgt der Einsatz aus der Ausschreibung der Hauptleistung des Lieferanten (Mietwagenausschreibung) oder bei der Bahn aus der Monopolstellung des Lieferanten. Eine Einbindung der Internetportale in eine OBE ist möglich und sinnvoll. Im Flugbereich ist diese Integration zentraler Bestandteil der OBE-Lösungen.

Wie bringe ich mein Programm an den Mann?

7.1 Wir zeigen der Buchung den Weg: Wann lohnt sich welches Tool?

Der Geschäftsführer von booking.com Darren Huston wurde von der fvw, dem führenden Magazin in der Touristikbranche befragt, warum man in booking.com keine Firmenraten hochladen kann. Seine interessante Antwort war: „Wir sind als Buchungsplattform groß geworden, aber es buchen auch sehr viele Leute mit Geschäftsadresse bei uns. Wir setzen auf mündige Geschäftsreisende, die sich im Rahmen Ihres Reisebudgets ein Hotel selbst auswählen, statt in einem Haus zu übernachten, mit dem eine Firmenrate ausgehandelt wurde."[1] In den meisten Unternehmen wird diese Haltung nicht möglich sein – zu groß scheint die Gefahr, dass einzelne Reisende über die Stränge schlagen und einen Reisestandard wählen, der außerhalb des Kostenrahmens liegt, den die Firma bereit ist zu zahlen. Wie kann man den Reisenden lenken? Zunächst einmal über die Buchungskanäle, die wir dem Reisenden bei der Buchung zur Verfügung stellen. Buchungskanäle können sein:

- Ein Reisebüro (offline)
- Eine OBE (Reisebüro online)
- Vergleichende Internetportale
- Internetseiten der Anbieter

Innerhalb des Buchungskanals kann der Einkäufer den Rahmen festlegen, in dem der Reisende sich bei der Buchung bewegen kann. Wenn der Einkäufer nicht den Buchungskanal für die Beschaffung von Dienstreisen festlegt, wird es unweigerlich zu einem Maverick Buying, einem wilden Einkauf kommen. Ohne Festlegung des Buchungskanals sind sämtliche Rahmenverträge, die der Einkäufer geschlossen hat, nahezu wirkungslos. Der Buchende wird nur zufällig die Firmenraten finden, in den meisten Fällen wird er sich des freien Marktes bedienen. Eine Auswertung über die Einkäufe, die der Buchende ge-

---

[1] fvw 9/13 S 25 (26.04.2013).

R. Mahnicke, *Business Travel Management*,
DOI 10.1007/978-3-658-02933-3_7, © Springer Fachmedien Wiesbaden 2013

Tab. 7.1 Anforderungen an einen Buchungskanal

Anforderung	Erläuterung
Buchungsklassen	Darstellung der laut Reiserichtlinie erlaubten Buchungsklassen (Business/Economy, 1. oder 2. Klasse, Golfklasse, festgelegte Buchungsklassen sind im Hotelbereich eher unüblich)
Rahmenverträge	Zurverfügungstellung der verhandelten Firmenraten, bei OBE und Portalen prominente Darstellung der Firmenverträge
Abbildung des Einkaufsprozesses	Genehmigung vor der Reise, Verhalten bei Abweichungen von der Reiserichtlinie etc.
Abbildung des Abrechnungsprozesses	Hinterlegung von zentralen Kreditkarten, Möglichkeit der Eingabe von Zusatzdaten (Kostenstelle etc.) für die Rechnung, elektronische Übergabe der Rechnungsdaten in Buchhaltung und Reisekostenabrechnung etc
Auswertungsmöglichkeit der gebuchten Leistungen	Reporting nach Leistungsträgern, Standorten etc. für weitere Verhandlungen

tätigt hat, ist dann nicht möglich. Darüber hinaus können Regeln für den gesamten Beschaffungsprozess festgelegt werden. Der Einkäufer hat somit Anforderungen an einen Buchungskanal, den dieser zwingend erfüllen muss (siehe Tab. 7.1).

Wenn eine Genehmigung vor der Reise erforderlich ist, so kann diese zwingend in den Prozess eingebaut werden. Bei einer Offline-Buchung über das Reisebüro macht man dann zum Beispiel die Unterschrift des Vorgesetzten unter ein Reiseantragsformular zur verbindlichen Voraussetzung dafür, dass das Reisebüro die Buchung platziert.

Auch eine Genehmigung eines Reiseantrags, der aus der Reisekostenabrechnung kommt, kann in diesen Prozess eingebunden werden. In der OBE kann dieser Prozess elektronisch abgebildet werden, auch hier kann die Buchung eine Genehmigungsschleife über den Vorgesetzen durchlaufen.

Insbesondere die Beratung und Lenkung des Buchenden zum Zeitpunkt der Buchung kann in dem Buchungskanal festgelegt werden:

Zum einen wird hier die Reiserichtlinie hinterlegt: Welcher Preisrahmen ist erlaubt? Wie steht es mit den Buchungsstandards Business, Economy und Premium Economy? Zum anderen aber ist es immens wichtig, dass dem Buchenden zum Zeitpunkt der Buchung ein umfassender Marktüberblick darüber geboten wird, was die wirtschaftlich sinnvollste Verbindung von A nach B ist. Den Marktüberblick zum Zeitpunkt der Buchung benötigt der Buchende insbesondere für den Flugbereich. Hier reicht es auf keinen Fall, nur die Rahmenabkommen zu nutzen, in der Regel gibt es bessere Tagespreise als die vereinbarten Firmenraten (siehe Kap. 4.1). Daher benötigt der Reisende für den Flugbereich heute auf jeden Fall ein Reisebüro, sei es offline oder als OBE-Lösung online.

Im Hotelbereich kann das Unternehmen bei einem entsprechenden Volumen einen großen Teil des Bedarfes über Rahmenverträge abdecken. Auch hier benötigt der Buchende aber einen Überblick über den Gesamtmarkt, zum Beispiel wenn die Rahmenvertragspartner keine freien Kapazitäten haben oder wenn für das Reiseziel kein Rahmenvertragspartner vorhanden ist. Gerade im Hotelmarkt kann es auch sein, dass der Markt bessere

Abb. 7.1 Buchungskanäle
nach Warengruppen

	Flug	Hotel	Bahn	Mietwagen
Reisebüro	⊕	⊕	⊕	⊕
OBE	⊕	⊕	⊕	⊕
Internet-portal	⊙	⊕	⊙	⊙
Internet-portal des Anbieters	⊙	⊙	⊕	⊕

⊕/⊙ = Geeignet/nicht geeignet

Alternativen bietet als die Rahmenverträge – warum sollte der Reisende also nicht auch ein Hotel seiner Wahl nehmen, wenn es innerhalb der Reiserichtlinie liegt? Für die Hotelbuchung sind daher entweder ein Reisebüro, eine OBE oder ein marktumfassendes Internetportal mögliche Buchungskanäle.

Nur für die Bahnbuchung und im Regelfall auch für die Mietwagenbuchung kann auf den vollkommenen Marktüberblick verzichtet werden, daher können hier die Internetportale der Anbieter genutzt werden. Für den Überblick ergibt sich das Bild wie in Abb. 7.1.

7.2 Was muss der Einkäufer unbedingt in die Reiserichtlinie einbringen?

Die Reiserichtlinie liegt in der Regel im Hoheitsgebiet der Personalabteilung oder der Buchhaltung. Sie regelt viele Dinge, die für den Einkäufer von untergeordneter Relevanz sind. Einen Schwerpunkt bilden meist die Erstattungen von Verpflegungsmehraufwendungen und die korrekte Beibringung von Belegen für die Reisekostenabrechnung. Viele Unternehmen sprechen daher auch von einer Reisekostenrichtlinie.

Andererseits hat der Einkäufer einen Regelungsbedarf, den er in die Reiserichtlinie einbringen sollte (siehe Tab. 7.2).

Sie können anhand der Punkte in Tab. 7.2 sehen, dass die Reiserichtlinie ein zentrales Instrument ist, um wesentliche Preishebel im Reiseeinkauf einzusetzen. Da der Buchende den tatsächlichen operativen Einkauf vornimmt, muss er Vorgaben für diesen Einkauf haben. Erst dann kann der Einkäufer erfolgreich sein.

Die Vorgaben der Reiserichtlinie können wiederum in den Tools verankert werden, die der Einkäufer zur Buchung zur Verfügung stellt. Das Reisebüro verankert die Reiserichtlinie im Firmenprofil. Der Agent kann bei der Beratung des Reisenden sofort sehen, welche Klassen erlaubt sind, bzw. welche Höchstgrenzen oder Zumutbarkeitskriterien vor-

Tab. 7.2 Themen des Einkäufers in der Reiserichtlinie

Thema	Inhalt
Buchungskanal	Zwingende Nutzung von Buchungskanälen (Reisebüro, Portale)
Rahmenverträge	Bevorzugte Nutzung von Rahmenvertragspartnern
Buchungsverhalten:	Der jeweils wirtschaftliche Tarif muss gewählt werden
Flug	Regelung Business oder Economy, Zumutbarkeitskriterien für den Reisenden (siehe Kap. 4.1.2., Abb. 4.1), Aufforderung möglichst früh zu buchen oder Vorausbuchungsfristen definieren
Bahn	1. oder 2. Klasse, Bahncardnutzung
Hotel	Nutzung von Rahmenvertragspartnern, Ggf. Höchstgrenze für Übernachtungspreis definieren
Mietwagen	Mietwagenklasse definieren
Kreditkarte	Nutzung von Corporate Cards propagieren

geschrieben oder vereinbart sind. Je nach Workflowsystem des Reisebüros wird der Agent automatisch darauf hingewiesen, wenn eine Buchung nicht der Reiserichtlinie entspricht.

Die OBE bildet die Reiserichtlinie ebenfalls ab. Hier kann man im Extremfall so weit gehen, dass der Reisende die Tarife gar nicht vorgeschlagen bekommt, die außerhalb der Reiserichtlinie liegen. In den meisten Fällen wird aber der gesamte Markt dargestellt und durch ein Ampelsystem gekennzeichnet, ob ein Tarif reiserichtlinienkonform ist oder nicht (grün für gut, rot für schlecht). Auch Rahmenverträge können gut in der OBE oder im Internetportal dargestellt werden: Die entsprechenden Tarife oder Hotels erhalten dann ein Symbol mit dem Logo des Unternehmens. Außerdem werden sie vor allem im Hotelbereich in der Auswahlliste oben platziert.

▸   Zwischenruf: Das ist ja schön und gut mit der Reiserichtlinie, aber wie kann ich sicherstellen, dass das auch befolgt wird?

Wie konsequent eine Reiserichtlinie durchsetzbar ist, hängt sehr stark von der Firmenkultur ab. Es gibt hier genauso viele Spielarten wie es Unternehmenskulturen gibt: In vielen Unternehmen sind keine konsequenten Reiserichtlinien durchsetzbar. Reisende sind oft auch Führungskräfte und Entscheidungsträger. Wenn diese sich nicht an die eigene Richtlinie halten, wird auch der Einkäufer hier nicht eingreifen können. In anderen Unternehmen werden Richtlinien sehr eng befolgt. In diesen Unternehmen wird der Einkäufer sehr effektiv eingreifen können, wenn er Verstöße gegen die Reiserichtlinie bemerkt. Aber wie merkt er das?

Am effektivsten ist meiner Meinung nach ein Workflow, den Reisebüro und OBE einstellen können, dass der Travel-Verantwortliche im Unternehmen benachrichtigt wird oder um Genehmigung gebeten wird, wenn ein Buchender etwas buchen will, was außerhalb der Reiserichtlinie liegt. Als Variante zu dieser Einzelfallbetrachtung kann sich der Travel-Verantwortliche ein sogenanntes „Pre-Trip-Reporting" zur Verfügung stellen lassen. Das ist eine Übersicht über alle gebuchten Leistungen in einem Zeitraum, zum Beispiel des letzen Tages oder der letzten Woche.

Beide Varianten lohnen sich nur, wenn der Einkäufer eine Chance hat, in diese Buchungen noch einzugreifen. Wenn der Einfluss des Einkäufers nicht reicht, um den Buchenden zu einer richtlinienkonformen Buchung zu bringen, dann sollte er sich die Richtlinienverstöße von dem Reisebüro und der OBE regelmäßig berichten lassen und der Geschäftsführung vorstellen. Im Flugbereich ist das der sogenannte „Lost Saving Report". Hier wird die Differenz zwischen dem günstigen Tarif der innerhalb des zumutbaren Zeitraums denkbar war und dem tatsächlich gebuchten Tarif ausgewiesen.

Welche Formen der Kontrolle hier im Unternehmen gewünscht sind, sollte der Einkäufer unbedingt mit der Unternehmensleitung und der Personalabteilung abstimmen. Insbesondere der Betriebsrat sollte auch einbezogen werden, wenn derartige Prozesse festgelegt werden.

7.3   Die Kunst der innerbetrieblichen Kommunikation: Intranet, Workshops und Schulungen

Im Geschäftsreisebereich ist – für den Einkäufer im Vergleich mit anderen Warengruppen – ein hohes Maß an innerbetrieblicher Kommunikation unerlässlich. Da der Buchende den tatsächlichen operativen Einkauf vornimmt und auch durchaus ein Eigeninteresse bei der Reisebuchung verfolgt, muss er gut informiert und geschult sein.

Viele Portale führen in Unternehmen ein unbeachtetes Dasein am Rande. Es werden beispielsweise Hotelportale eingeführt und dennoch werden die meisten Hotelbuchungen am Portal vorbei direkt telefonisch gebucht. Die Ursache ist häufig eine unsachgemäße Einführung der Portale. Mit einer Rundmail ist es hier nicht getan, denn die ist schnell weggeklickt und vergessen. Auch neue Mitarbeiter werden nicht erreicht.

Der erste gute Schritt zu einer innerbetrieblichen Kommunikation ist die Hinterlegung der relevanten Links und Dokumente für das Thema Geschäftsreisen im Intranet. Hier sollten Reiserichtlinie und die Zugänge zu den Buchungskanälen möglichst gebündelt liegen. Vielleicht veröffentlichen Sie hier auch ein kleines ABC der relevanten Informationen zum Thema Geschäftsreisen? Hier können die Reisebüros unterstützend wirken, die eine Internetseite mit aktuellen Informationen zum Thema Geschäftsreisen (Streiks, Streckenänderungen der Airlines etc.) anbieten, die in einem geschützten Bereich auch Ihre firmenindividuellen Dokumente und Links beinhaltet.

Vor jeder Einführung eines neuen Prozesses oder neuen Tools sollte die Information und Einbeziehung der betroffenen Mitarbeiter stehen. Das sind neben den Reisenden vor allem die Buchenden – insbesondere die Assistenzen. Diese können zum Beispiel die Bedienerfreundlichkeit einer OBE viel besser beurteilen als der Einkäufer und sollten daher unbedingt befragt werden. Am besten lokalisiert man die Haupt-Buchenden und spricht diese direkt an.

Als eine gute Variante innerbetrieblicher Kommunikation bieten sich Schulungen und Workshops an. Eine Schulung – und sei sie noch so kurz – gehört zu jeder Implementierung eines Portals oder auch zur Einführung eines neuen Reisebüros. Diese muss nicht unbedingt räumlich stattfinden sondern kann zum Beispiel auch die Form eines Webinars haben. Ich würde aber nie darauf vertrauen, dass sämtliche Buchende ein Tool ohne Schulung bedienen können. Wichtig sind in diesem Zusammenhang insbesondere die firmenindividuellen Prozesse rund um das Tool: Wie bekomme ich einen Zugang? Ist das Tool auch außerhalb des Firmennetzwerkes aufrufbar? Wer darf das Tool nutzen? All dies sind Fragen, die bei der Einführung eines Portals auftreten können.

Eine Idee ist die Durchführung eines jährlichen Travel Workshops für die Buchenden. Hier können Sie den Buchenden verschiedene Themen an einem halben Tag nahebringen. Beziehen Sie Ihre Vertragspartner in diesen Tag ein: Das Reisebüro kann den Buchenden aktuelle Tipps und Tricks rund um die Buchung erklären: Wann ist der beste Zeitpunkt für eine Buchung? Wann lohnt es sich, ein flexibles Ticket zu buchen? usw. Stellen Sie Änderungen in der Reiserichtlinie hier vor. Ebenso neue Tools, die Sie eingeführt haben oder einführen wollen. Vielleicht stellen Sie auch das eine oder andere Hotel aus Ihrem Hotelprogramm vor oder lassen den Workshop in einem Ihrer Rahmenvertragshotels stattfinden.

Überblick und Kennzahlen über die Warengruppe

8.1 Wie komme ich an Zahlen? Reisebüroauswertungen, Leistungserbringerauswertungen, Kreditkartenauswertungen

8.1.1 Das Reisebüro-Reporting

An Zahlen zu kommen ist eine der größten Herausforderungen beim Einkauf von Reiseleistungen. Den Überblick zu bewahren, ist vielleicht noch schwerer. Erinnern Sie sich noch an das erste Kapitel des Buches (2.1. Ausgangssituation im Unternehmen)? Hier habe ich Sie schon zu Beginn der Auseinandersetzung mit der Warengruppe Geschäftsreisen damit konfrontiert, dass eine Lieferantenanalyse mit Ihren eigenen Systemen Ihnen keinen Überblick über den Etat geben wird. Mittlerweile wissen Sie, woran das liegt: Ganz selten wird im Bereich Geschäftsreisen eine Leistung direkt von Ihrem Unternehmen an den Lieferanten bezahlt. Diese Rechnungen stecken aber hinter den Lieferantenauswertungen Ihrer Systeme.

Im Bereich Geschäftsreisen werden meistens zwischen Lieferant und Unternehmen Vermittler, wie z. B. Reisebüros, oder Clearingvorgänge, wie zum Beispiel die Bezahlung über Firmenkreditkarten oder Reisekostenabrechnung, zwischengeschaltet. Darum erhält das Unternehmen relativ wenige Rechnungen direkt vom Lieferanten. Bei Buchungen über das Reisebüro (sei es online oder offline) hat man hier einen Spezialisten an der Seite, der einem das Zahlenwerk über die über das Reisebüro getätigten Buchungen zusammenstellen kann. Nicht immer ist das Reporting, das hier geliefert wird, aussagekräftig. Aber man kann mit dem Reisebüro besprechen, welche Reportings man zur Steuerung des Etats benötigt.

Die großen Reisebüroketten haben zur Erstellung der Reportings eigene Systeme aufgebaut. In diesen werden Kundendaten, Buchungsdaten und Abrechnungsdaten aufbereitet und dem Kunden einmal pro Quartal, Halbjahr oder Jahr zur Verfügung gestellt. In größeren Unternehmen kommt der Account Manager des Reisebüros dann in das Unternehmen, um das Reporting zu erläutern.

8.1.2 Reporting von Kreditkartensystemen

Die meisten der oben genannten Reportings kann auch die Firmenkreditkarte liefern, wenn sie beim Reisebüro als Zahlungsmittel eingesetzt wird.

Der enorme Vorteil der Auswertungen über die Firmenkreditkarte ist, dass viele Auswertungen dann auch nach den Zusatzdaten gemacht werden können. Dadurch können die oben genannten Reports auch auf die interne Struktur des Unternehmens, zum Beispiel auf Kostenstellen herunter gebrochen werden.

Ein weiterer Vorteil der Kreditkarte kann sein, dass man Zahlen unterschiedlicher Buchungswege über die Kreditkarte in einem Auswertungstool zusammenführen kann:

Das Reisebüro kann die Karte zur Abrechnung von Flügen nutzen, im Online-Portal der Bahn kann die Firmenkreditkarte hinterlegt sein, auch Mietwagen können über die Firmenkreditkarte abgerechnet werden. Wenn dann die Reisenden sämtliche Hotelübernachtungen mit der Corporate Card des Kreditkartenunternehmens bezahlen, hätte man ein komplettes Geschäftsreisenreporting über die Kreditkarte.

Die Firmenkreditkarte ist eine virtuelle Karte, die im Reisebüro, bei der Bahn und bei anderen ausgewählten Web-Portalen hinterlegt werden kann. Das Reisebüro und die Portale rechnen dann sämtliche gebuchte Leistungen über diese Karte ab. Die Corporate Cards sind physische Karten, die auf den Namen der Reisenden lauten. Das Unternehmen schließt zwar einen Rahmenvertrag über die Ausgabe von Corporate Cards mit dem Kreditkartenunternehmen, die Ausgabe aber erfolgt direkt von dem Kreditkartenunternehmen an den Reisenden. Die Abbuchung der fälligen Beträge erfolgt vom Privatkonto des Reisenden, der sich den Betrag dann über die Reisekostenabrechnung erstatten lässt. Das ist das gängige Verfahren bei Hotelbuchungen und meistens auch bei Mietwagenbuchungen. Für den Reisenden vorteilhaft ist die Tatsache, dass die Corporate Card ihm ein verlängertes Zahlungsziel von vierzehn Tagen bis zu vier Wochen anbieten. Dieser Zeitraum ermöglicht es ihm, zuerst seine Reisekostenabrechnung zu machen und das Geld von dem Unternehmen erstattet zu bekommen, bevor die Kreditkarte den Betrag von seinem Konto abbucht. Die Abb. 8.1 zeigt in einem Schaubild, wie die Kreditkarte auf diesem Weg das Reporting zusammenfasst.

Die Kreditkartenunternehmen bieten Online-Portale an, in denen feste Auswertungen bereits hinterlegt sind und in denen der Einkäufer auch individuelle Reports erstellen kann. Damit ist der Einsatz einer unternehmensweiten Kreditkarte ein effektives Mittel, um ein Reporting für die Gesamtübersicht zu haben.

Das gilt insbesondere für den Fall, dass die Kosten in der Unternehmensstruktur nach Kostenstellen oder auch Konzernteilen aufgeschlüsselt werden sollen. Hier kann man über die Kartenstruktur und die Zusatzangaben, die Reisebüro und Portale weitergeben können, die gewünschte Struktur im Reporting darstellen. Das kostet nur etwas Aufwand bei der Einrichtung des Systems.

Insbesondere für den Hotelbereich werden von den Kreditkartenunternehmen sogenannte virtuelle Zahlungswege angeboten. Diese dienen vor allem der Ablösung von Kostenübernahmen in diesem Bereich.

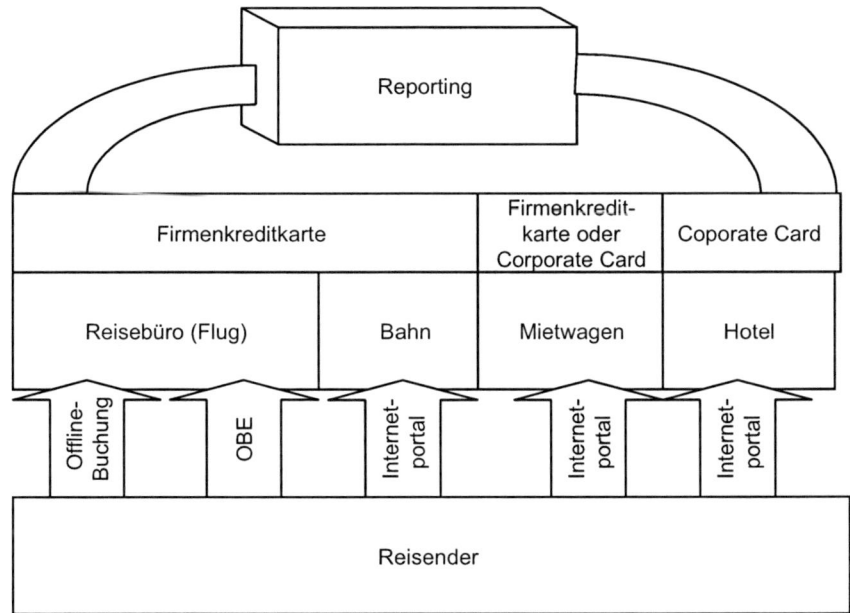

Abb. 8.1 Reporting über eine Kreditkarte

8.1.3   Leistungserbringerauswertungen

Jeder Leistungserbringer – sei es eine Airline, die Bahn, eine Mietwagengesellschaft oder auch ein Hotel oder eine Hotelkette – bietet ein spezielles Reporting. Dieses ist auf Buchungen bei dem jeweiligen Leistungserbringer beschränkt und auch vom Format her meistens nicht mit anderen Leistungserbringern vergleichbar und dadurch auch nicht konsolidierbar. Dadurch eignen sich die Leistungserbringerauswertungen nicht, um einen Überblick zu gewinnen sondern eher, um Spezialfragen zu beantworten.

- So kann die Bahn in ihrem Reporting genau aufzeigen, welche Bahn Cards Reisende des Unternehmens nutzen.
- Autovermietungen zeigen in ihrem Reporting genau auf, wie sich Rechnungsbeträge zusammensetzen, welche Werte zum Beispiel für Betankungen angefallen sind. Auch die gebuchten Mietwagenklassen und die Anmietstationen kann man den Statistiken der Mietwagengesellschaften entnehmen.
- Am meisten ist man in der Regel im Hotelbereich auf die Statistiken der Hotels und Hotelketten angewiesen. Das hängt vor allem damit zusammen, dass der Buchungskanal für die Hotelbuchung und die Abrechnung über die Corporate Card nicht stringent genug durchgesetzt werden können. Zu viele Reisende buchen das Hotel zum Beispiel direkt telefonisch und bezahlen mit ihrer privaten Kreditkarte. Dadurch gehen diese

Werte in den Reportings verloren. Sie sind nur in der Reisekostenabrechnung oder eben in dem Reporting des Hotels wiederzufinden.

▶ Zwischenruf: Das ist aber mühselig, wenn ich mir die Reportings sämtlicher Hotels, in denen die Reisenden übernachten, zusammen suchen soll. Ich kenne ja auch nicht alle Hotels.

Das Hotelreporting ist tatsächlich eine logistische Herausforderung. Darum sollte das erste Ziel Ihrer Bemühungen sein, einen einheitlichen Buchungskanal – zum Beispiel ein Hotelportal oder das Reisebüro – unternehmensintern durchzusetzen. Dann hätten Sie ein Reporting über sämtliche gebuchten Hotelübernachtungen. Wenn das nicht möglich ist, würde ich dennoch von dem Reporting aus Ihrem Buchungskanal ausgehen – oder von der Corporate Card – je nachdem, wo die Durchdringung größer ist. Hier würde ich dann zusätzlich von den Hotels, mit denen ich schon einen Rahmenvertrag habe, weil dort so viel Volumen ist, die Werte aus dem Reporting der Hotels einsetzen. Das hat den Vorteil, dass ich von den wichtigsten Hotellieferanten komplette Zahlen habe. Sie können sich die Arbeit auch etwas erleichtern, indem Sie den Hotellieferanten ein Excel-Sheet mit einem von Ihnen vorgegebenen Format zuschicken, in dem die Umsätze eingetragen werden sollen. Dann können Sie die Reports der einzelnen Hotels konsolidieren.

8.2 Wichtige Kennzahlen für den Einkauf von Geschäftsreisen

Aufgrund der vielfältigen Möglichkeiten an Daten zu kommen, empfiehlt es sich für den Einkäufer, sich ein Gerüst zu bauen, welche Daten er regelmäßig benötigt. Die Tab. 8.1 zeigt ein Beispiel wesentlicher Reports. Wenn diese Kennzahlen in einem feststehenden Turnus ermittelt werden, hat der Einkäufer seine Warengruppe im Griff.

8.3 Berechnung von Einkaufseinsparungen

Einkaufseinsparungen werden nach verschiedenen Modellen berechnet und jeder Konzern hat seine eigenen Richtlinien entwickelt, wie Einsparungen ermittelt werden sollen. Für den Geschäftsreisebereich gibt es einige Besonderheiten, die in die verschiedenen Modelle mit eingepasst werden müssen.

Wenn eine Einsparung zum Vorjahr errechnet werden soll, reicht es auf keinen Fall, die absoluten Reisekosten vom laufenden Jahr mit den Kosten des Vorjahres zu vergleichen. Die Kostenentwicklung sollte auf jeden Fall folgendermaßen beleuchtet werden:

Hat sich die Anzahl der Reisen verändert?

Insbesondere bei Flugreisen kann man die Menge der eingekauften Tickets relativ gut nachvollziehen und zum Beispiel die Anzahl der Tickets nach Zielgebiet (national, kontinental und interkontinental) mit dem Vorjahr vergleichen. Mit den gleichen Zahlen be-

Tab. 8.1 Reportingbeispiele

	Inhalt	Datenherkunft
1. Überblickreports		
Summen nach Reiseleistung	Gesamtausgaben nach den Kategorien Flug, Bahn, Mietwagen, Hotel, Reisebürogebühr und Sonstiges	Reisebüro, Kreditkarte
Stückzahl nach Reiseleistung	Anzahl Tickets nach den Reiseleistung zur Feststellung der Entwicklung der Durchschnittswerte	Reisebüro, Kreditkarte
Flugreporting	Gesamtausgaben und Anzahl nach Zielgebieten (Deutschland, Europa und interkontinental)	Reisebüro, Kreditkarte
2. Lieferantenreports		
Top-Airlines	Die Auflistung der hauptsächlich genutzten Airlines nach Umsatz und Ticketanzahl	Reisebüro, Kreditkarte
Top-Strecken pro Zielgebiet	Die hauptsächlich geflogenen Strecken mit Umsatz, Anzahl Tickets, am besten aufgeteilt nach Airline	Reisebüro, Kreditkarte
Top-Hotels	Auflistung der hautsächlich genutzten Hotels und Hotelketten nach Standort, Roomnights und Umsatz	Reisebüro, Kreditkarte
Top-Mietwagen	Auflistung der Mietwagenumsätze nach Gesellschaft, Miettagen und Umsatz	Reisebüro, Kreditkarte
3. Kennzahlen		
∅ Kosten pro Ticket per Airline		Reisebüro, Kreditkarte
∅ Kosten pro Strecke und Airline		Reisebüro, Kreditkarte
∅ Kosten pro Roomnight und Standort		Reisebüro, Kreditkarte, Hotelportal, Hotellieferant
∅ Kosten pro Mietwagentag und Gesellschaft		Reisebüro, Kreditkarte, Mietwagengesellschaft
4. Zahlen über das Reiseverhalten des Kunden		
Vorausbuchungsfristen Flug	Aussagen über die Fristen zwischen Buchungs- und Reisedatum und den dadurch erzielten durchschnittlichen Ticketpreisen	Reisebüro, Kreditkarte
Lost Saving Report	Nicht erzielte Einsparungen über Abweichungen des Reisenden von der Reiserichtlinie	Reisebüro
Onlinequote	Verhältnis der online gebuchten Tickets zu der Gesamtheit der Tickets	Reisebüro

Tab. 8.2 Entwicklung der Flugkosten

	Zeitraum A	Zeitraum B	Differenz
Flugumsatz			
Interkontinental			
Europa			
Deutschland			
Anzahl Tickets			
Interkontinental			B-A
…			
Durchschnittspreis pro Ticket			B-A
Interkontinental			Saving pro Ticket
…			
Einsparung Reisevermeidung			
Interkontinental			Differenz Tickets bewertet zum Durchschnittspreis
…			
Einsparung Durchschnittspreis (interkontinental)			Anzahl Tickets Periode B bewertet zur Differenz des

wertet zu den Flugkosten pro Zielgebiet werden die durchschnittlichen Kosten pro Ticket ermittelt. Hier kann man die Entwicklung der Flugpreise pro Ticket nachvollziehen.

Somit teilt sich die Kostenentwicklung in zwei Blöcke, der Steigerung oder Senkung der Reisetätigkeit und der Entwicklung des Flugpreises. Beides könnte als Einsparung reportet werden, wenn dahinter zum Beispiel ein Einsparungsprogramm steht, das vom Einkauf mit verantwortet wird: Zum Beispiel ist eine Senkung der Reisetätigkeit verordnet worden, die der Einkäufer über die Reiserichtlinie in das Unternehmen getragen hat. Der durchschnittliche Preis ist vielleicht gesunken, weil der Einkäufer gute Rahmenverträge verhandelt hat oder weil er ein besseres Reisebüro engagiert hat (Tab. 8.2).

Gleiches gilt für den durchschnittlichen Preis für einen Mietwagentag oder eine Hotelübernachtung. Insbesondere bei der Hotelübernachtung lohnt es sich allerdings, diese nach Standorten zu differenzieren – Vergleich wäre hier der durchschnittliche Preis einer Roomnight (Hotelübernachtung) pro Stadt.

Etwas komplexer ist im Geschäftsreisebereich die Berechnung von sogenannten Verhandlungssavings. Im Allgemeinen fasst man hier die Einsparungen zusammen, die zwischen erstem und letztem Angebot entstanden sind. Diesen Mechanismus gibt es im Geschäftsreisebereich in der Regel nicht. Zum Teil kann man hier Nachverhandlungsergebnisse bei Rahmenverträgen mit einbringen. Im Hotelbereich könnte man zum Beispiel die Differenz zwischen erstem und letztem Angebot mit den dann im Vertragsjahr tatsächlich genutzten Roomnights bewerten. Weitere Savingberechnungen in dieser Richtung sollten aber unbedingt mit dem Einkaufscontrolling abgestimmt werden.

Praxisbeispiel: Die Reisebüroausschreibung 9

9.1 Projektplan

Die Ausschreibung eines Reisebüros ist ein Projekt. Egal wie groß der Etat ist, den das Unternehmen für Geschäftsreisen ausgibt, sollte der Einkäufer sich für die Reisebüroausschreibung unbedingt etwas Freiraum schaffen. Dabei hat das Projekt inklusive Implementierung eine Laufzeit von mindestens einem halben Jahr – bei komplexeren Unternehmen dementsprechend mehr.

Abbildung 9.1 zeigt beispielhaft den Aufbau einer Reisebüroausschreibung mit den Schritten, die wir aus unserer Beratungspraxis bei Steinberg & Partner kennen:

Wie Sie in der Abbildung sehen können, ist die eigentliche Ausschreibung die Phase vier des Projektes, also relativ weit hinten. Eine gute Ausschreibung zeichnet sich immer durch eine gute Vorbereitung aus. Der Sinn dieses Kapitels ist daher auch, Ihnen das exemplarisch an der Reisebüroausschreibung zu zeigen. Gleiches gilt allerdings auch für die Leistungsträgerausschreibungen und sämtliche anderen Ausschreibungen im Geschäftsreisebereich.

In der Tab. 9.1 habe ich Ihnen einfach einmal für die ersten drei Phasen die Fragen gestellt, die Sie aus meiner Sicht beantworten sollten, **bevor** Sie mit Ihrer Reisebüroausschreibung an den Markt gehen.

Sicherlich sind diese Fragen nicht abschließend. Ich möchte Ihnen eine Anregung geben, die Reisebüroausschreibung nicht nur als Marktabfrage für die beste Transaction Fee zu sehen. Sie sollte die Ausschreibung auch als eine Chance verstehen, die Zusammenarbeit mit dem Reisebüro auf eine optimierte Grundlage zu stellen. Im Laufe der Ausschreibung werden Ihnen die Reisebüros sicherlich auch noch eigene Vorschläge aus ihrer Produktpalette unterbreiten. Wie bei allen Ausschreibungen halte ich es aber für dringend erforderlich, dass Sie Ihren Bedarf erst einmal formulieren. Berücksichtigen Sie dabei auch, dass nicht Sie allein diese Spezifikation vornehmen können. Sie benötigen dafür den Input anderer Fachabteilungen Ihres Unternehmens und nicht zuletzt auch Input der Buchenden.

R. Mahnicke, *Business Travel Management*,
DOI 10.1007/978-3-658-02933-3_9, © Springer Fachmedien Wiesbaden 2013

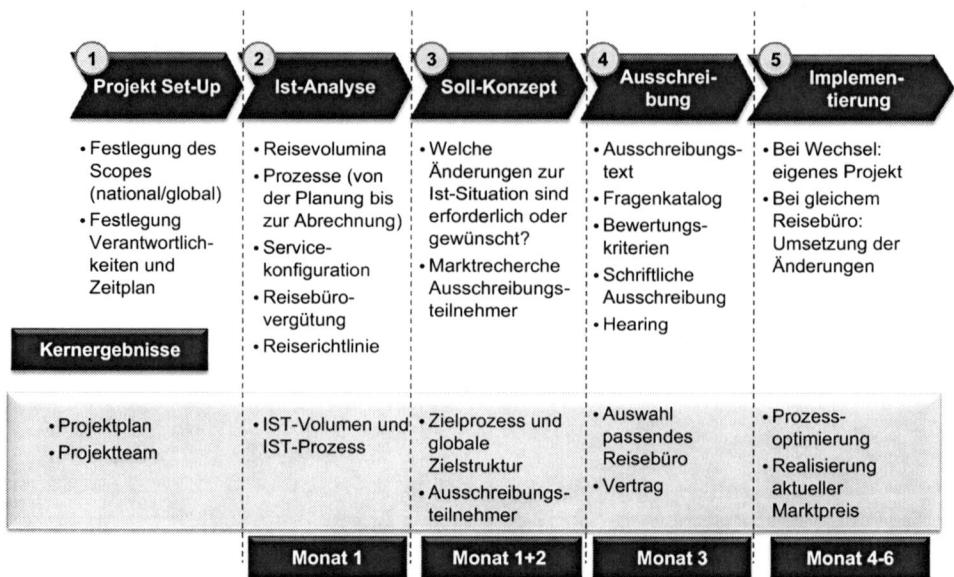

Abb. 9.1 Projektplan Reisebüroausschreibung

> ▷ *Zwischenruf:* Welche Reisebüros soll ich denn in die Ausschreibung einbezie-
>   hen? Gibt es da eine Liste?

Die Reisebüros, die Sie einladen, sollen in erster Linie zu Ihnen passen. Einen Überblick
über die großen Ketten finden Sie im Kap. 5.1. Manchmal lohnt es sich aber auch, sich den
lokalen Markt mittelständischer Anbieter anzusehen, insbesondere wenn Ihr Geschäfts-
reiseetat überschaubar ist.

Eine Minimumanforderung an ein Geschäftsreisebüro ist allerdings, dass dort Experten sitzen, die sich ausschließlich mit Firmenkunden und dem Thema Geschäftsreisen
beschäftigen. Es gibt immer noch touristisch ausgeprägte Reisebüros, die die eine oder
andere Firma mit betreuen. Davon ist eher abzuraten, da das touristische Know-how vollkommen anders ist als das notwendige Wissen, eine Geschäftsreise kompetent zu buchen.
Auch ein Reporting werden Sie von touristisch ausgeprägten Reisebüros nicht oder nur in
qualitativ unterentwickelter Form bekommen. Mit der Ausschreibung selbst beschäftigen
wir uns dann im nächsten Unterkapitel.

9.2   Aufbau einer Ausschreibung

Eine Reisebüroausschreibung sollte im ersten Schritt schriftlich erfolgen. Gehen Sie davon
aus, dass Sie von den Anbietern mit Informationen überschüttet werden. Sie sollten daher
auch um den Aufwand der Evaluierung überschaubar zu halten, die Ausschreibung durch

Tab. 9.1 Phasen 1–3 zur Vorbereitung der Reisebüroausschreibung

Phase 1: Set-Up	Welche Unternehmensteile oder Konzernteile Ihres Unternehmens sind von der Reisebüroausschreibung betroffen? Wollen Sie den nationalen Etat ausschreiben oder haben Sie Konzerntöchter im Ausland und Sie wollen den globalen Etat ausschreiben? (siehe Kap. 11) Führen Sie die Ausschreibung allein durch oder sollten Sie andere Personen Ihres Unternehmens einbeziehen (Geschäftsführung, Vorstand, Entscheidungsträger anderer Unternehmens- oder Konzernteile)?
Phase 2: Ist-Analyse	Wie sieht Ihr Reiseetat aus? Was sind die Volumina für Flug (nach Streckenbereichen), Bahn, Hotel, Mietwagen und Sonstiges, *die über das Reisebüro gebucht werden*? Wie viele Tickets, Roomnights oder Anmietungen stehen dahinter? Wenn Sie eine OBE nutzen, welche Onlinequote haben Sie? Bei Konzernen: wie teilen sich die Volumina und Stückzahlen auf die Konzernteile auf? Wie sieht heute der Prozess von der Reisebuchung bis zur Abrechnung aus? Wie sieht Ihre heutige Reisebürobetreuung aus? (siehe Kap. 5.2.) Gibt es eine Genehmigung vor der Reise? Wird eine Kreditkarte zur Abrechnung eingesetzt? Wenn ja, gibt es eine automatisierte Übergabe von Daten in die internen Systeme Ihres Unternehmens? Welche Zusatzdaten wie Kostenstelle oder Projektnummer müssen auf Rechnungen oder Kreditkartenabrechnungen vermerkt werden? Welche Reports erhalten Sie heute vom Reisebüro?
Phase 3: Soll-Konzept	Welche Änderungen zur heutigen Service-Konstellation wollen Sie in die Reisebüroausschreibung einbringen? Soll zum Beispiel eine OBE eingeführt werden? Ist Ihnen die heutige Betreuung nicht persönlich genug, dann könnten Sie die Chancen für einen persönlichen Service ausloten Sind die jetzigen Geschäftszeiten des Reisebüros ausreichend oder benötigen Sie erweiterte Geschäftszeiten oder einen 24-Stunden-Service? Ist die Expertise der Reisebüroagenten, die Ihre Reisenden betreuen ausreichend oder ist eine weitere Spezialisierung notwendig? Gibt es starke Prozessbrüche – zum Beispiel beim Genehmigungsverfahren oder bei der Rechnungsbearbeitung? Wollen Sie hier eine Verbesserung herbeiführen? Setzen Sie sich mit anderen Abteilungen zusammen und skizzieren Sie Ihren Wunschprozess. Fragen Sie diesen am Reisebüromarkt ab Welche internen Prozesse können Sie umstellen, um die Zusammenarbeit mit dem Reisebüro effektiver zu gestalten? Gibt es weitere Funktionen, die Sie bei dem Reisebüro einfordern wollen, zum Beispiel die Unterstützung bei Verhandlungen mit Leistungsträgern? Erhalten Sie alle Zahlen, die Sie benötigen, regelmäßig vom Reisebüro oder benötigen Sie weitere Auswertungen oder eine andere Sichtweise auf die Zahlen zur Abbildung Ihrer Konzernstruktur? Welche Reisebüros sind mögliche Ausschreibungsteilnehmer?

Tab. 9.2 Bestandteile des Ausschreibungsdokuments

Beschreibung des Unternehmens	Stellen Sie Ihr Unternehmen kurz dar: Setzt es sich aus verschiedenen Unternehmensteilen zusammen, wo sind diese ansässig? Was ist der Inhalt Ihrer Unternehmenstätigkeit?
Eckdaten der Ausschreibung	Wie groß ist der Geschäftsreiseetat Ihres Unternehmens insgesamt? Wann soll die Zusammenarbeit mit dem neuen Reisebüro beginnen? Wie ist der Ablauf der Reisebüroausschreibung geplant?
Beschreibung des Reisevolumens	Stellen Sie Ihren Reiseetat gegliedert nach den Reiseleistungen, *die über das Reisebüro gebucht werden sollen* dar (siehe Tab. 9.3). Beschreiben Sie auch gern, welche Buchungskanäle neben dem Reisebüro im Einsatz sind (Internetportale etc.). Für die Kalkulation des Reisebüros ist es ebenfalls wichtig, dass Sie darauf hinweisen, wenn Sie für Flüge, Mietwagen oder Hotelbuchungen Nettoraten vereinbart haben und wie hoch in etwa die Quote der Buchungen für Nettoraten ist. Für diese Buchungen erhält das Reisebüro nämlich keine gesonderte Kommission (siehe Kap. 5.1.2.1).
Beschreibung des Buchungsprozesses und der gewünschten Servicekonfiguration	Stellen Sie dar, wie das Reisebüro in den Buchungsprozess eingebunden werden soll. Wird die Buchung vor allem per E-Mail oder telefonisch getätigt werden, oder soll ein Buchungsformular verwendet werden. Ist das Reisebüro in einen Genehmigungsprozess eingebunden? Haben Sie eine OBE im Einsatz oder soll eine OBE vom Reisebüro gestellt werden? Wie hoch ist Ihre heutige Onlinequote? Wünschen Sie die Betreuung durch ein dedicated Team oder ein designated Team oder ist gar ein Implant geplant? Benötigen Sie erweiterte Öffnungszeiten des Reisebüros oder einen 24-Stunden-Service? Streben Sie für einzelne Unternehmensteile eine separate lokale Betreuung durch eine Reisebürofiliale vor Ort an oder soll die Betreuung zentralisiert werden? Geht es gegebenenfalls auch um eine globale Betreuung? Auch die Abrechnungsform wird hier dargestellt: Haben Sie eine Firmenkreditkarte im Einsatz? Gibt es Besonderheiten bei der Abrechnung, zum Beispiel, dass die Kostenstelle oder die Projektnummer in die Buchung eingepflegt werden muss? Für größere Unternehmen stellen sich hier auch die Fragen, wie das Reisebüro in interne Prozesse und an interne Systeme anzugliedern ist. Soll es zum Beispiel eine Anbindung an das HR-System für die Überspielung von Stammdaten geben? Sollen Buchungsdaten in die Reisekostenabrechnung übergeben werden usw
Reisestandards/Reiserichtlinie	Beschreiben Sie, wann es Ihren Reisenden erlaubt ist, Business zu fliegen, wann sie die erste Klasse in der Bahn nutzen dürfen und welche Mietwagenklassen erlaubt sind. Haben Sie eine Hotelobergrenze hinterlegt?

Tab. 9.3 Darstellung des Geschäftsreisevolumens für die Reisebüroausschreibung

	Economy (2. Klasse)		Business (1. Klasse)		Gesamt
	Anzahl	Volumen (€)	Anzahl	Volumen (€)	Volumen (€)
Flug:					
Deutschland					
Europa					
Interkontinental					
Bahn:					
Mietwagen:					
Hotel:					
Visa:					
Sonstiges:					
Gesamt:					
Onlinequote				%	
Webbuchungen				Anzahl	

gezielte schriftliche Fragen steuern. Größere Unternehmen verfügen zum Teil über Ausschreibungstools, die für eine Reisebürosausschreibung sehr gut nutzbar sind. Man kann sich die Ausschreibungsunterlage aber auch in Word oder Excel gut selbst zusammenstellen.

Den Aufbau können Sie der Aufstellung in Tab. 9.2 entnehmen.

Diese Fragen sollten Sie aufgrund der Analyse, die Sie im Vorwege der Ausschreibung gemacht haben, beantworten können. In der Tabelle 9.3 gebe ich Ihnen ein Beispiel für die Darstellung des Reisevolumens:

Wenn Sie Ihren Etat in dieser Form beschrieben haben, können Sie dazu übergehen, Ihre Fragen an das Reisebüro zu stellen. Dabei geht es neben der reinen Preisabfrage insbesondere auch um eine Bewertung der Qualität der Reisebürobetreuung. Wie ist der Service, wie ist das Einkaufsverhalten des Reisebüros? Auch hier gebe ich Ihnen Beispiele für einen Fragenkatalog. Die Bewertung der Antworten ist zugegebenermaßen für einen fachfremden Einkäufer nicht ganz einfach. Aber ich hoffe, Sie haben sich mit der Lektüre dieses Handbuchs einen Überblick über die Funktionsweise des Marktes verschafft, sodass Sie die Antworten der Reisebüros kritisch hinterfragen können.

Sie können die Transaktionsgebühr nach dem Schema in Tab. 9.4 abfragen.

Tab. 9.4 Transaction Fee-Modell der Reisebüros

Transaktionsart	Transaction Fee Online	Transaction Fee Offline
Flug Inland		
Flug Europa		
Flug Interkont		
Flug Refund		
Flug Low-Cost-Carrier		
Hotel		
Hotel Storno/Umbuchung		
Mietwagen		
Mietwagen Storno/Umbuchung		
Bahn Papier		
Bahn Online-Ticket		
Bahn Rücknahme/Storno		
Visaservice		

9.3 Evaluierung: Wie suche ich den Besten aus?

Ein weit verbreiteter Fehler bei der Wahl des Reisebüropartners ist die Fokussierung auf die Transaktionsgebühr, die das Reisebüro vom Kunden verlangt. Natürlich möchte man als Einkäufer auch hier durch die Ausschreibung einen Preisvorteil erzielen. Allerdings macht die Transaktionsgebühr nur einen kleinen Teil der vermittelten Reisekosten aus, je nach Marktlage, Unternehmensgröße und Anforderungen sind es zwischen drei und sechs % des vermittelten Reisevolumens. Es ist daher eminent wichtig, dass Sie in der Reisebüroausschreibung auf die Qualität der vermittelten Reiseleistungen achten, auf die 94 bis 97 % also, die das Reisebüro Ihnen in Rechnung stellt und dann an die Luftverkehrsgesellschaft etc. weiterleitet.

> ▶ *Zwischenruf:* Aber wir haben doch gelernt, dass der Markt transparent, kann ich nicht davon ausgehen, dass die Unterschiede der Angebote von Reisebüro A und Reisebüro B eher marginal sind?

Das könnte man denken: Die Reisebüroagenten recherchieren die Flugpreise und andere mit den gleichen technischen Mitteln, im Wesentlichen in dem gleichen Reservierungssystem Amadeus. Dennoch zeigt die Erfahrung, dass die Angebote sich extrem unterscheiden können. Das hängt zum einen mit der Berufserfahrung und Kompetenz der Agenten zusammen, zum anderen auch mit den technischen Möglichkeiten, die das Reisebüro seinen Agenten bei der Tarifrecherche zur Verfügung stellt. Eine geringe Rolle spielen auch eigene Abkommen sowie ein eigener Flugticketeinkauf über einen Konsolidator (siehe Kap. 2.2).

Tab. 9.5 Fragenkatalog Reisebüro

Servicequalität	Wie sind die Öffnungszeiten des Reisebüros?Kann die gewünschte Servicekonfiguration angeboten werden? Wie sind der Ausbildungsstand und die Berufserfahrung der Agenten, die das Team betreuen werden? Kann das Reisebüro eine OBE wenn gewünscht zur Verfügung stellen? Wie sehen die Angebote des Reisebüros aus, wie werden unterschiedliche Tarife miteinander verglichen? Wie ist das Beschwerdemanagement geregelt?
Einkaufsverhalten	Wie stellt das Reisebüro sicher, dass der zum Zeitpunkt der Buchung wirtschaftlichste Tarif gebucht wird? Wie wird sichergestellt, dass der Agent zum Zeitpunkt der Buchung den günstigsten Tarif dargestellt bekommt? Werden dabei auch Web-Tarife berücksichtigt? Wie wird sichergestellt, dass die Reiserichtlinie des Unternehmens eingehalten wird? Wird eine automatisierte Qualitätssicherungssoftware eingesetzt, die den Agenten darauf hinweist, dass die Reiserichtlinie nicht eingehalten wird? Gibt es eine automatisierte Tarifoptimierung, die regelmäßig zwischen Buchung und Ticketing überprüft, ob der gebuchte Tarif mittlerweile unterboten wurde?
Account Management/Reporting	Lassen Sie sich den Account Manager, der Sie betreuen wird, persönlich vorstellen! Wird es vierteljährliche/halbjährliche oder jährliche Review Meetings geben und was wird der Inhalt sein? Wird der Account Manager Sie bei Verhandlungen mit Airlines etc. unterstützen? In welcher Form wird der Account Manager Sie auf weitere zu schließende Abkommen mit Leistungserbringern hinweisen und Sie über Marktveränderungen informieren? Wenn Sie Wünsche für Auswertungen haben (für Anregungen siehe Kap. 8.2.), dann fordern Sie diese als Beispiel im Rahmen der Ausschreibung an Lassen Sie sich für Reportingvorschläge des Reisebüros ebenfalls Beispiele geben
Finanzielles Angebot	Entscheiden Sie sich im Vorwege, ob Sie eine Transaktionsgebühr oder eine Management Fee zahlen wollen und holen Sie sich die entsprechenden Angebote ein. Wie eine Aufstellung von Transaktionsgebühren aussieht, zeigt die Tab. 9.4
Unternehmensdaten	Einige Unternehmen holen prinzipiell Angaben zur Größe und finanziellen Stabilität der Anbieter ein. Das kann beim Reisebüro gerade bei kleineren Anbietern sinnvoll sein. Schließlich stellen Sie die Prozesse mit dem Reisebüro ein und wollen die damit verbundene Mehrarbeit nicht in allzu kurzen Abständen auf sich nehmen Bei globalen Ausschreibungen macht es hier auch Sinn, die Abdeckung der für Sie relevanten Standorte/Länder durch das Reisebüro abzufragen

Tab. 9.6 Gewichtete Kriterien für die Evaluierung bei Reisebüroausschreibungen

Kriterium	Gewichtung kleine Unternehmen (%)	Gewichtung große Unternehmen (%)
Servicequalität	40	30
Einkaufsverhalten	40	30
Account Management/Reporting	5	20
Finanzielles Angebot	15	15
Unternehmensdaten	0	5
Gesamt	100	100

▶   *Zwischenruf:* Aber wie soll ich im Rahmen einer Ausschreibung herausfinden,
      ob die Agenten des Reisebüros fit sind und ob das Reisebüro technisch auf der
      Höhe ist?

Sie können sich einer Antwort annähern, indem Sie fragen, wie das Reisebüro arbeitet
(siehe Fragenkatalog Tab. 9.5) und zum Beispiel die Berufserfahrung der Agenten, die Ihnen angeboten werden, nebeneinander stellen. Letztendlich will ich Sie anregen, sich die
Kriterien für Ihre Entscheidung im Vorwege genau zu überlegen und zu gewichten, sei es
mit einem Punktesystem oder einer Notenvergabe wie in der Schule.

Die Kriterien können Sie der Tab. 9.5 entnehmen, ich schlage dazu eine Gewichtung
vor, die aus meiner Sicht marktgerecht ist. Sie können diese natürlich ihren eigenen Be-
dürfnissen anpassen. Unternehmen unterschiedlicher Größenordnung haben bezüglich
eines Account Managements und des Reportings unterschiedliche Anforderungen: Große
Unternehmen wünschen hier eine intensivere Verzahnung des Reisebüros mit den eigenen Prozessen, zum Beispiel Schnittstellen zur Reisekostenabrechnung oder zur Personalverwaltung. Auch die Reportinganforderungen sind individueller, weil zum Beispiel die
eigene Konzernstruktur im Reisebüroreporting abgebildet werden soll. Kleinere Unternehmen benötigen diese Prozessintegration nicht in dem Maße, es reicht vielleicht sogar
ein jährlicher Aufriss der gebuchten Reiseleistungen in Form einer Power-Point-Präsen-
tation oder einer Excel-Tabelle. Je mehr Reisebüro und Unternehmen die Prozesse miteinander verzahnen, desto mehr wird das Unternehmen auch Wert darauf legen, mit einem
wirtschaftlich stabilen Lieferanten zusammenzuarbeiten. Die Unternehmensdaten, die das
Reisebüro liefert, werden daher eher bei großen Unternehmen in die Bewertung mit ein-
fließen. Daher habe ich zwei verschiedene Ausprägungen für die Gewichtung der Kriterien
aufgezeigt – eine für kleinere und eine für größere Unternehmen.

Wie Sie in der Tab. 9.6 sehen können, messe ich der Servicequalität einen hohen Wert
bei. Hierzu gehört nicht nur die Freundlichkeit des Personals sondern auch die Erreich-
barkeit (Öffnungszeiten, Anzahl der Mitarbeiter, Telefonweiterschaltungen, 24-Stunden-
Konzepte etc.), die Nutzerfreundlichkeit der Online-Buchungsmaschine, die Qualität der
Angebote etc. Machen Sie sich von der Servicequalität ein Bild, wenn Sie die Reisebüros

Bewertungsschema			
Kriterium	Punkte von 100	Gewichtung	Erreichte Punkte
1. Servicequalität	60	40%	24,00
2. Einkaufsverhalten	80	40%	32,00
3. Account Management/ Reporting	75	5%	3,75
4. Finanzielles Angebot	80	15%	12,00
5. Unternehmensdaten	100	0%	0,00
TOTAL			71,75 max. 100

Abb. 9.2 Gewichtungsmechanik bei einer Reisebüroausschreibung

miteinander vergleichen. Sie stehen hier als Einkäufer im Schussfeld, wenn Sie einen Vertrag mit einem Reisebüro abschließen, das Ihren internen Kunden nicht den gewünschten Service bieten kann.

Wenn Sie jetzt die Antworten der Reisebüros vergleichen, können Sie sich im Vorwege ein Bewertungsschema aufbauen. Die einfachste Form wäre, dass Sie für jedes Kriterium maximal 100 Punkte vergeben können. Sie geben jedem Reisebüro eine Punktzahl und gewichten diese mit dem Gewichtungsfaktor. Sie erhalten dann eine Gesamtpunktzahl, die Sie miteinander vergleichen können (Abb. 9.2).

Sie können dieses Schema auch noch weiter ausbauen, indem Sie die einzelnen Fragen innerhalb der Kriterien gewichten (Tab. 9.7):

Dieses Vorgehen dient in erster Linie dazu, qualitative Kriterien zu bewerten und quantifizierbar zu machen. Ich erlebe es in meiner beruflichen Praxis immer mehr, dass Einkaufsentscheidungen allein aus Revisionsgründen sauber dokumentiert und begründet werden müssen. Dafür ist es gut, wenn „weiche" Kriterien wie zum Beispiel die Servicequalität mit einzelnen Fragen abgetestet werden und dann bewertet werden. In einigen Fällen reicht diese noch einfache Form der Dokumentation nicht mehr, sondern es muss im Vorwege ein Antwortenkatalog zu den Fragen erarbeitet werden. Was erwarte ich zum Beispiel, damit das Reisebüro für das Beschwerdemanagement eine volle Punktzahl erhält, wann erhält es 50 % der Punkte usw. Unsere Rolle als Beratungsunternehmen wandelt sich in diesem Punkt neben der Einbringung unserer fachlichen Kompetenz insbesondere auch in der revisionssicheren Dokumentation der Einkaufsentscheidung.

Tab. 9.7 Gewichtung der Unterkriterien

Kriterium	Frage	Maximale Punkte
Servicequalität	Wie sind die Öffnungszeiten des Reisebüros?	10
	Kann die gewünschte Servicekonfiguration angeboten werden?	20
	Wie sind der Ausbildungsstand und die Berufserfahrung der Agenten, die das Team betreuen werden?	20
	Kann das Reisebüro eine OBE wenn gewünscht zur Verfügung stellen?	20
	Wie sehen die Angebote des Reisebüros aus, welche Antwortzeiten werden vom Reisebüro garantiert?	20
	Wie ist das Beschwerdemanagement geregelt?	10

Jetzt rate ich Ihnen nicht, sich für das Reisebüro mit der höchsten Punktzahl zu entscheiden. Meistens kristallisieren sich auf diesem Weg zwei oder drei Anbieter heraus, die Ihren Anforderungen besser entsprechen als der Rest und mit diesen Anbietern sollten Sie persönliche Gespräche durchführen. Je nachdem wie viel Aufwand Sie für das Thema aufbringen können, können das kurze Gespräche sein oder Präsentationen des Reisebüros in Ihrem Haus. Lassen Sie sich dabei auch unbedingt die Personen vorstellen, mit denen Sie es später zu tun haben: Den Account Manager – Ihren Ansprechpartner als Einkäufer – und zumindest den Teamleiter des operativen Teams, das Ihre Reisenden betreuen wird, wenn nicht gar einzelne Mitglieder des Teams. Erst nach den persönlichen Terminen sollten Sie sich für einen Anbieter entscheiden und in die Vertragsverhandlungen gehen.

9.4 Der Reisebürovertrag

Es gibt aus Sicht eines Reisebüros im Allgemeinen keinen Grund, einen Rahmenvertrag mit Ihrem Unternehmen abzuschließen. Es ist Usus in der Branche, Ihnen eine Gebührentabelle für die Transaktionsgebühren zu schicken und auf ein weitergehendes Vertragswerk zu verzichten. Die Zahlungsmodalitäten ergeben sich aus der Abrechnung über eine Kreditkarte, eine Abnahmeverpflichtung oder Ausschließlichkeitsklauseln, die Sie über einen definierten Zeitraum an ein Reisebüro binden, sind nicht üblich.

Dennoch ist es aus einkäuferischer Sicht natürlich sinnvoll, den Ausschreibungsprozess mit einem Vertragsabschluss zu beschließen und die Dinge, die während der Ausschreibung angeboten und besprochen wurden, in einem Vertragsdokument festzuhalten. Neben der Preistabelle sollten zumindest die Angaben des Reisebüros zu Ihrem Fragenkatalog in einem Vertrag als Service Level Agreement (SLA) dokumentiert werden. Auch hier nehmen wir wieder die Servicequalität als ein Beispiel (siehe Tab. 9.8).

Tab. 9.8 Service Level Agreement

Servicequalität	Öffnungszeiten	Wochentage 8–18 Uhr, 24 h Notfallservice
	Servicekonfiguration	Dedicated team mit zwei Personen
	Ausbildungsstand und die Berufserfahrung der Agenten	Ein Agent mit mindestens 5 Jahren Berufserfahrung, einer mit mindestens 3 Jahren
	OBE	Produkt xy
	Angebote	Mindestens zwei, wenn möglich drei Angebote als Einzel-PDF laut Anlage, Antwortzeit innerdeutsche Flüge eine Stunde, internationale Flüge 2 h
	Wie ist das Beschwerdemanagement geregelt?	Antwortzeit innerhalb von einem Tag, Lösung innerhalb einer Woche

Je nach Unternehmensgröße ist es mittlerweile auch üblich, eigene Vertragsinhalte wie zum Beispiel zur Datensicherheit in den Reisebürovertrag mit einzubringen. Hier ist es angeraten, sich rechtzeitig mit der entsprechenden internen Fachabteilung abzustimmen und die vertraglichen Anforderungen schon während des Ausschreibungsprozesses mit dem Reisebüro zu thematisieren.

Exkurs: Einführung einer digitalen Reisekostenabrechnung

10

Die Reisekostenabrechnung ist der letzte Prozessschritt einer Reise. Leider ist dieser in den meisten Fällen in keiner Weise mit den vorangegangenen Schritten verbunden. Weder werden Buchungs- oder Abrechnungsdaten übergeben, noch werden Genehmigungen, die bereits erteilt wurden, wieder verwendet. Viel schlimmer noch: Häufig sitzt der Reisende über einer Abrechnungsrichtlinie und muss per Hand seine Verpflegungspauschalen ausrechnen und diese in ein Formular manuell eintragen. Dabei unterlaufen ihm Fehler, die dann in der Buchhaltung korrigiert werden. Daran hat auch die Reform des Reisekostenrechts nicht viel geändert, die 2014 in Kraft trat. Neidisch kann man auf andere Länder blicken, in denen lediglich Belege abgerechnet werden und keine umständlichen Pauschalen.

Der Prozessbruch hängt häufig mit der unterschiedlichen Zuständigkeit im Unternehmen zusammen. Die Reisekostenabrechnung liegt in der Regel im Hoheitsgebiet der Buchhaltung, der Reiseeinkauf dagegen in der Verantwortung des Einkaufs. Um den Prozess von Anfang bis Ende durchgängig zu gestalten bedarf es daher einer koordinierten Vorgehensweise und einiger Schnittstellen.

In einer ersten Vorüberlegung bei der Einführung einer digitalen Reisekostenabrechnung sollte man sich daher erst einmal fragen, was diese alles können muss und welche Schnittstellen für das Unternehmen sinnvoll sind. Für alle Unternehmen und seien sie noch so klein, lohnt sich die Nutzung einer digitalen Reisekostenabrechnung als Self-Service Modul ohne jegliche Schnittstellen nur mit dem Zweck, die Abrechnung für den Reisenden zu erleichtern und eine fundierte Unterlage für die Buchhaltung zu produzieren. Hier werden Lösungen als SaaS (Software as a Service) angeboten, die mit ganz wenig Aufwand einzurichten sind und sei es nur für den Zweck, die Verpflegungspauschalen vernünftig auszurechnen und Belege korrekt zu erfassen.

Schon in den einfachsten Ausführungen bieten diese Anbieter Workflows und Schnittstellen an: Einen Workflow zum Beispiel zur Genehmigung der Reisekostenabrechnung durch den Vorgesetzten oder die Übergabe einer Abrechnungsdatei an die Buchhaltung.

Mit dem Einsatz eines solchen Modells – systemunterstützte Erfassung durch den Reisenden, Genehmigungsworkflow im System und Übergabe in die Finanzbuchhaltung

R. Mahnicke, *Business Travel Management*,
DOI 10.1007/978-3-658-02933-3_10, © Springer Fachmedien Wiesbaden 2013

– lassen sich um die 80 % des Aufwands einer manuellen Erstellung und Buchung einer Reisekostenabrechnung sparen. Diese Lösung passt für alle Unternehmen, vor allem aber für kleinere und mittlere Unternehmen. Ich setze sie zum Beispiel in unserer kleinen Unternehmensberatung mit drei Mitarbeitern ein.

Größere Unternehmen können den Bogen und die Prozessintegration weiter spannen: Sinnvoll könnte zum Beispiel eine Schnittstelle zur Personalverwaltung sein, um Stammdaten für Reisende und Genehmiger einzurichten, damit diese Daten nicht in dem Reisekostenabrechnungssystem redundant aktualisiert gehalten werden müssen.

Wenn eine Genehmigung der Reise vor Reiseantritt üblich ist, kann diese Genehmigung über den Reiseantrag in der Reisekostenabrechnung abgebildet werden. Ähnlich wie bei der Reisebuchung den Travel Arranger gibt es auch bei der Abrechnung häufig eine Assistenzfunktion. Das sind in diesem Fall Personen, die die Abrechnung für andere durchführen.

Einige OBE-Anbieter haben sich eng mit Reisekostenabrechnungssoftware verzahnt oder haben sogar eine eigene Reisekostenabrechnung integriert. Der Reisende kann dann in einem System den Reiseantrag stellen, die Reise buchen und seine Reisekosten abrechnen. Eine redundante Erfassung der Reise- und Belegdaten entfällt dann, der Reisende muss für die Abrechnung nur noch seine Barauslagen hinzufügen.

Im Zusammenhang mit Kreditkartenanbietern ist es ebenfalls möglich deren Abrechnungen – sei es für die Firmenkreditkarte oder für die Corporate Cards – dem Reisenden als Abrechnungsbeleg zur Verfügung zu stellen. Das ist gerade für die revisionssichere Abrechnung der Firmenkreditkarte ein sehr eleganter Weg, da der Reisende jeden einzelnen Flug in seine Reisekostenabrechnung einfügt und den Empfang der Dienstleistung noch einmal bestätigt.

Es sind hier einem Projekt kaum Grenzen gesetzt – es ist mir aber ebenso wichtig noch einmal zu betonen, dass schon die Einführung einer „stand-alone"-Lösung nur für die digitale Unterstützung einer Abrechnung äußerst lohnenswert ist. Der Markt der Softwareanbieter ist sehr umfangreich und sehr differenziert. Tab. 10.1 zeigt, welche Software-as-a-Service-Anbieter sich etabliert haben.

Darüber hinaus gibt es viele Anbieter aus dem Bereich der Gehaltsabrechnung, die die Reisekostenabrechnung als Zusatzmodul anbieten und nicht zuletzt natürlich SAP, die mit

Tab. 10.1 Software-as-a-Service-Anbieter

Produkt	Internetadresse
Viatos	www.viatos.de
HR Works	www.hrworks.de
Numiga	www.numiga.com
Mobile Xpense	www.mobilexpense.com
ADP	www.de-adp.com
Concur	www.concur.com

dem Employee Self-Service Modul (ESS) ebenfalls eine sehr umfangreiche Reisekostenabrechnung anbieten.

Abrechnungsmodelle für die Reisekostenabrechnung sind neben reinen Lizenzgebühren auch die Abrechnung pro Reise oder pro angemeldetem Reisenden. Insofern lohnt es
sich bei der Ausschreibung neben den inhaltlichen Anforderungen wie Schnittstellen und
geforderter Workflowunterstützung auch ein Mengengerüst anzugeben, wie viele Reisende
das Unternehmen hat und wie viele Reisen jährlich abgerechnet werden.

Eine spezielle Anforderung in diesem Bereich ist das Outsourcing der Reisekostenabrechnung. Machbar ist zum Beispiel die Erfassung der Belege durch den Reisenden. Die
Belegkontrolle, das Einscannen der Belege und die Erzeugung eines Abrechnungsdatensatzes werden dann an einen externen Anbieter outgesourct. Diese Dienstleistung wird
zum Beispiel von ADP, Viatos und Numiga angeboten.

Exkurs: Sinn und Unsinn eines globalen Travel Managements

11

Die Globalität ist in vielen Gebieten eine alltägliche Herausforderung geworden und nicht zuletzt der Geschäftsreisebereich profitiert von dieser Entwicklung: Viele Geschäftsreisen haben als Anlass den Besuch globaler Kunden oder Lieferanten beziehungsweise resultieren aus Reisen zwischen den globalen Standorten von Unternehmen. Wie sieht es jetzt aber mit dem Travel Management aus? Sind globale Verträge mit Reisebüros, Flugverkehrsgesellschaften, Hotels oder Mietwagengesellschaften sinnvoll? Wann lohnt sich ein globales Travel Management?

Als erstes muss ich dem Leser einige Illusionen nehmen. Gerade die Reisebranche steckt bezüglich der Globalisierung noch in den Kinderschuhen. So hat man zwar von Deutschland aus in dem deutschen Reservierungssystem einen recht guten Überblick über den weltweiten Reiseverkehr. Allerdings kann man nur mit großen Schwierigkeiten von einem Land aus Reisen aus der ganzen Welt buchen. Eine globale Sicht besteht in den Reservierungssystemen nicht. Das liegt zum einen an der Tarifwelt: Ein in Deutschland gebuchter Flug Frankfurt-New York hat zum selben Zeitpunkt in der gleichen Maschine einen anderen Preis als der gleiche Flug in der gleichen Richtung, wenn ich ihn in den USA buche – oder etwa als wenn ich ihn in Hong-Kong buche. Das Yield-Management der Airlines führt dazu, dass die Flüge je nach Konkurrenzsituation in dem ausstellenden Land verschieden bepreist werden. Zum anderen gibt es verschiedene Reservierungssysteme weltweit; Amadeus, Sabre, Apollo, Galileo und Abacus sind die gängigsten, aber es gibt weitere.

Des Weiteren stehen meist auch steuerliche Aspekte einer zentralisierten Buchung entgegen: Ein Flug New York-Houston ist in Deutschland gebucht ein Auslandsflug und wird nicht mit Umsatzsteuer belegt. Der gleiche Flug in den USA gebucht ist ein Inlandsflug und wird mit Steuern ausgewiesen. Schon aus diesem Grund akzeptieren Reisebüros in der Regel nur eine Rechnungsstellung an inländische Firmen. Unternehmen, die ihre Reisebuchungen zentralisieren, nehmen daher häufig eine interne Weiterbelastung vor (auch das übrigens mit einem gewissen steuerlichen Risiko). Der größte Faktor aber, der gegen eine zentralisierte globale Betreuung durch eine Reisestelle oder ein Reisebüro spricht, ist die

R. Mahnicke, *Business Travel Management*,
DOI 10.1007/978-3-658-02933-3_11, © Springer Fachmedien Wiesbaden 2013

bessere Betreuung der Reisenden durch lokale Agenten und die Nutzung von OBE, die den eigenen Markt komplett darstellen: Hier spielt es eine erhebliche Rolle, dass die Agenten von sich aus Verbindungen gezielt recherchieren können, da sie wissen, welche Möglichkeiten es geben kann, einen Tarif zum Beispiel von Deutschland nach Asien zu optimieren. Selbst die OBEs schaffen es bisher nicht, sämtliche Märkte inklusive der innerrussischen oder innerchinesischen Bahnverbindungen aufzunehmen. Diese finden sich zum Beispiel zum Teil in Reservierungssystemen, die in kyrillischer Schreibweise oder Mandarin kodiert sind. Darum arbeiten russische oder chinesische Reisebüroagenten in der Regel mit zwei Reservierungssystemen – einem für inländische Verbindungen und einem für internationale. Genauso können Sie sicher sein, dass eine Sitzplatzreservierung mit mehr Beinfreiheit bei Germanwings für einen innereuropäischen Flug von einem Reisebüroagenten in Australien nicht in der gleichen Selbstverständlichkeit gefunden wird wie hoffentlich von einem deutschen Agenten. Gerade im direkten Kontakt mit den Reisebüroagenten möchten viele Buchende auch gern einen Ansprechpartner aus ihrem Kulturkreis haben. Aus vielerlei Gründen ist daher die Geschäftsreisebranche nicht per se global.

Dennoch greifen immer mehr Unternehmen das Thema auf und haben dafür gute Gründe. Zum Teil werden deutsche Niederlassungen ausländischer Konzerne über globale Ausschreibungen „mitversorgt" und müssen sich – wie bei anderen Warengruppen auch – an globale Vorschriften halten. Auch viele deutsche Unternehmensgruppen und Konzerne führen derzeit ein globales Travel Management ein.

11.1   Schritt 1: Globale TMC oder Kreditkarte

Im Rahmen von Warengruppenstrategien wird eine Zentralisierung des Themas bei einem Lieferanten – meist eines Reisebüros (global: TMC „Travel Management Company") angestrebt. Dies hat den Vorteil, dass der Einkäufer für die Zusammenarbeit einen Vertragspartner hat und vor allem auch einen Ansprechpartner, einen globalen Account Manager. Der kann dann auch Zahlen liefern, wie sich der Reiseetat global zusammensetzt: Nach Warenuntergruppe (Flug, Bahn, Mietwagen, Hotel) und vor allem nach Lieferant oder Lieferantenkette (Lufthansa, Accor, Sixt etc.). Das ist eine wesentliche Voraussetzung für eine globale Verhandlungsstrategie mit den Lieferanten.

Die Transparenz an sich ist aber auch schon ein Teilziel, das durch die Konzentration auf ein globales Reisebüro erreicht werden kann. In vielen Unternehmen ist die Zusammensetzung der Reisekosten auf globaler Ebene nicht bekannt.

Dieses Ziel kann man auch erreichen, wenn man die Konsolidierung nicht auf ein Reisebüro sondern auf eine Kreditkarte durchführt. Man schließt einen globalen Vertrag mit einem Kreditkartenunternehmen und verpflichtet die Reisebüropartner in den verschiedenen Ländern, über diese Kreditkarte abzurechnen. Über das globale Reporting der Kreditkarte erhält man ebenfalls eine Übersicht über die Zusammensetzung des Etats und über die dahinter stehenden Lieferanten.

Beide Wege sind denkbar und werden praktiziert. Der Weg über die Konsolidierung auf ein Reisebüro ist etwas länger und vom Projekt her umfangreicher. Der Vorteil ist aber, dass man neben der Datenhoheit auch die Kontrolle über die Prozesse gewinnen kann, indem man einheitliche Service Level Agreements mit dem Reisebüro vereinbart. Der globale Account Manager kann Vorgaben aus der Konzernzentrale an die lokalen Account Manager weitergeben. Eine globale Reiserichtlinie zum Beispiel kann so fest verankert werden und die Compliance zentral überprüft werden.

Die globalen Reisebüroketten, die eine derartige Betreuung anbieten, sind allerdings hier auch erst noch auf dem Weg, eine durchgängige Betreuung mit entsprechendem Reporting anbieten zu können – auch wenn das anders behauptet wird. So arbeiten viele Reisebüroketten sowohl mit eigenen Büros als auch mit Partnern zusammen, um eine Betreuung in den wichtigsten Ländern zu gewährleisten. Der Durchgriff auf die Partner ist dabei sehr viel geringer als der Durchgriff auf die eigenen Büros. Auch das Reporting wird zwar geliefert, allerdings zum Teil mit einem Zeitverzug, weil es aus unterschiedlichen Reservierungssystemen gespeist werden muss. Man sollte daher bei der globalen Vergabe der Reisebürobetreuung unbedingt überprüfen, ob das Reisebüro in den Märkten, in denen Niederlassungen vorhanden sind, überhaupt vertreten ist, und wenn ja, ob mit eigenen Büros oder mit Partnerbüros. Für den Roll-Out, der nach so einer Ausschreibung folgt, sollte man Zeit und etwas Reisebudget bereit halten. Häufig sind lokale Serviceanpassungen und auch Überzeugungsarbeit notwendig und es ist sinnvoll, wenn der Projektverantwortliche das persönlich vor Ort mit den Bedarfsträgern bespricht.

Die erstmalige Ausschreibung eines globalen Reisebüros erfordert etwas mehr Vorbereitung als die Ausschreibung eines lokalen Reisebüros. Meist ist die Datensammlung nicht ganz einfach, also die genaue Beschreibung des Etats (siehe Kap. 9.2.). Damit vernünftige Transaction Fees verhandelt werden sollen, muss man aber zumindest das für das Reisebüro zu erwartende Volumen in den einzelnen Märkten kennen. Die Verhandlung einer marktgerechten Transaction Fee ist dann wiederum wichtig, damit man die lokalen Niederlassungen des eigenen Unternehmens mit ins Boot bekommt. Das globale Reisebüro wird in bestimmten Märkten – insbesondere in Asien – sowieso etwas teurer sein als lokale Anbieter. Das liegt unter anderem auch an den zentralen Instrumenten wie dem Reporting, die von allen Märkten aus angeschlossen werden müssen.

Bei der globalen Implementierung einer Kreditkarte hat man diese Probleme nicht, man muss sich aber mit Haftungsfragen beschäftigen (in der Regel bekommt nicht jede Niederlassung eine Kreditkarte, da die Kreditwürdigkeit entsprechend den lokalen Bankgesetzen überprüft wird). Darüber hinaus muss der Finanzprozess in den einzelnen Ländern angepasst werden, sofern es hier keine zentralen Prozesse gibt.

Die globale Einführung einer OBE, theoretisch eine dritte Möglichkeit, um eine Konsolidierungsbasis zu bekommen, wird zum Teil von amerikanischen Unternehmen verfolgt. Meiner Meinung nach ist dieser Weg mit Vorsicht zu betrachten, da gerade für Bahnbuchungen und lokale Low-Cost-Carrier keine OBE sämtliche lokale Märkte gut abdeckt. Cytric zum Beispiel ist im Ausland nur sehr bedingt anwendbar, Amadeus e-Travel eher im europäischen Raum einsetzbar, Concur vor allem im angelsächsischen und US-amerikanischen Raum. Hierin liegt viel Potenzial für die Zukunft, denn je besser die OBEs die lokalen Märkte global abdecken, desto smarter könnte eine globale Lösung über eine OBE sein. Man bräuchte nur noch lokale Fullfilment-Partner für das Ticketing und gegebenenfalls eine Beratung für komplexe Buchungen. Die OBE aber könnte für das Reporting und als Work-Flow-Instrument das Rückgrat des globalen Travel Management sein.

11.2   Globale SLA und Reiserichtlinie

Man sagt amerikanischen Unternehmen nach, dass sie ihre Weltsicht auf andere Märkte übertragen, wenn sie global agieren. So kämpfen zum Teil auch im Geschäftsreisebereich deutsche Niederlassungen amerikanischer Unternehmen mit Tools, die global eingeführt wurden, aber für den deutschen Markt nicht geeignet sind. Zum Beispiel, weil sie Umlaute nicht abbilden und man dann „Köln" in der Suchfunktion nicht findet, sondern eher „Koeln" oder gar „Cologne".

Bei globalen Reiserichtlinien und Service Level Agreements habe ich es mehrmals erlebt, dass deutsche Unternehmen den gleichen Fehler machen.

So ist der deutsche Standard, dass man bei Flugreisen, die länger als fünf oder sechs Stunden dauern, die Business-Klasse nutzen darf, ein deutscher oder zumindest europäischer Standard. Auf Asien übertragen bedeutet diese Regelung, dass innerasiatische Flüge zu einem großen Teil aufgrund der größeren Entfernungen Business-Class-Flüge werden – was gerade dort unüblich ist. Ein Übertragen deutscher Standards auf eine globale Reiserichtlinie ist daher problematisch und führt bei diesem Beispiel zu einer Explosion der Kosten. Bevor man andererseits eine „zweite Klasse" für alle Bahnfahrten vorschreibt, sollte man sich das chinesische Bahnklassensystem ansehen: Meint man die „Hard-Seat"-Klasse? Hier hat man sicherlich ein authentisches Bahnreisegefühl und kann – so habe ich mir sagen lassen – das Abteil auch mit Geflügel teilen, das in Käfigen mittransportiert wird. Aber ist es das, was wir vor Augen haben, wenn wir die zweite Klasse aus Deutschland in die Welt tragen? Wir haben bei einer Abfrage nach internationalen Standards einmal von einem indischen Kollegen die vielsagende Antwort zu den Hotelstandards bekommen, dass die indischen Mitarbeiter auf Dienstreisen landestypische Drei-Sterne-Hotels in Indien nutzen, die Besucher aus der europäischen Zentrale nutzen allerdings eher Fünf-Sterne-Hotels. Was schreiben Sie in die Reiserichtlinie für Hotels?

Wir versuchen immer durchzusetzen, dass eine internationale Reiserichtlinie nur einen Minimalstandard beschreibt, der durch lokale Richtlinien ergänzt werden kann. Für den Flugbereich zum Beispiel ist meine Empfehlung, dass grundsätzlich die Economy-Klasse genutzt werden soll und dass es für einzelne Länder – abgestimmt mit dem zentralen Travel-Management – Ausnahmen von dieser Regel geben kann. Das ist meines Erachtens viel besser, als mit der Business Class zu winken und diese dann für bestimmte Regionen wieder auszuschließen. In der globalen Reiserichtlinie sollte vor allem festgelegt werden, dass globale Dienstleister – wie zu Beispiel das Reisebüro oder die Kreditkarte – genutzt werden. Dadurch verankern Sie die für Sie so wichtige Grundlage in der Reiserichtlinie.

Gleiches gilt für das Service Level Agreement, das mit dem Reisebüro geschlossen wird. Hier sollte ein Minimumstandard definiert werden, der in den einzelnen Ländern angepasst werden kann. So sind zum Beispiel die Öffnungszeiten für ein Reisebüro in den USA aufgrund der unterschiedlichen Zeitzonen anders zu definieren als in Deutschland mit nur einer Zeitzone. Auch können Sie vielleicht für Ihren Hauptstandort ein „dedicated team", also ein Team, das nur für Ihr Unternehmen im Reisebüro tätig ist, verlangen. Das muss aber nicht an kleineren Standorten Ihres Unternehmens in der ganzen Welt notwendig sein. Hier benötigen Sie lediglich einen oder mehrere feste Ansprechpartner („designated team").

11.3 (Globale) Verträge mit Leistungsträgern

Die Konsolidierung des Geschäftsreiseetats auf wenige Lieferanten wird gerade von den großen Unternehmensberatungen immer wieder als Hebel für die Einkaufsoptimierung genannt. Hier wird der Markt nicht richtig verstanden. Sicherlich können große Konzerne mit einem Flugvolumen im zweistelligen Millionenbereich zum Beispiel Abkommen mit einzelnen Airlines schließen. Ob diese attraktiver sind als lokale Abkommen hängt vor allem davon ab, ob die Airline durch den Vertrag auf einen für sie interessanten Wettbewerbsmarkt drängen kann. Ob der globale Vertrag dann lokal durch die Buchenden genutzt wird, hängt extrem davon ab, wie sich die verhandelten Raten gegenüber dem „Best Buy" der täglichen Raten schlagen. Das ist gerade auf globaler Ebene nur mit akribischer Arbeit prognostizierbar. Insofern sind globale Verträge vor allem für Großkonzerne sinnvoll, aber in ihrer Hebelwirkung mit lokalen Verträgen zu vergleichen.

Der erste Schritt für das globale Travel Management sollte aber sein, die Abdeckung der einzelnen Märkte mit Verträgen zu überprüfen. Hierin liegt einer der Kernvorteile einer globalen Verantwortlichkeit für den Geschäftsreisebereich. In vielen kleineren Märkten wird die Warengruppe Geschäftsreisen auch in Ihrem Unternehmen wahrscheinlich noch gar nicht professionell betreut. Vielleicht fehlt zum Beispiel ein Mietwagenvertrag ganz und gar. Dieses in einer Datenbank zusammenzufassen und dann die weißen Flecken durch globale und lokale Verträge abzudecken ist die Aufgabe für den Einkäufer, der sich des Themas auf globaler Ebene annimmt. Auch hier gilt genau wie bei lokalen Verträgen, dass der Vertrag nur durch die Buchungen vor Ort zum Tragen kommt. Der Bedarf vor Ort muss daher abgedeckt werden. Das fängt bei den Mietwagen damit an, dass eine Mietwagenstation dort vorhanden ist, wo die PKW benötigt werden. Ein globaler Vertrag kann zwar geschlossen werden, er muss aber immer lokal überprüft werden. Wenn der globale Anbieter in einigen lokalen Märkten nicht oder nicht genügend vertreten ist, müssen andere lokale Verträge bestehen bleiben oder verhandelt werden.

Auch im Hotelbereich ist es vor allem ein Mix von lokalen und globalen Verträgen, der das Hotelprogramm einer Firma voran bringt. Dabei ist der erste Schritt erst einmal die Zusammenfassung sämtlicher eventuell geschlossener Hotelverträge in einer Datenbank, die für alle zugänglich ist. Das kann eine Intranetdatenbank sein, aber auch ein Hotelportal oder eine OBE. Mit einzelnen Hotels sind lokale Verträge, die Hotels gern für den Gesamt-konzern anbieten, in der Regel vorteilhafter als Kettenverträge. Diese können das Hotel-programm flankieren, indem man mit einer oder zwei Ketten ein globales Abkommen schließt. Ab einem Gesamtaufkommen von mehreren tausend Roomnights pro Hotelket-te lassen sich hier allgemeine Rabatte auf die Tagesrate verhandeln. Diese erreichen aber nicht das Potenzial, das durch die direkte Verhandlung mit einem Hotel erreicht werden kann.

Im Airlinebereich kommen globale Verträge in der Regel nur für Konzerne mit einem zweistelligen Millionenaufkommen in Betracht. Die anderen Unternehmen sollten darauf achten, dass die Hauptmärkte mit den umsatzstärksten Lieferanten und für die Rennstre-cken entsprechende Abkommen haben, wie es in Kap. 4.1. beschrieben ist.

11.4   Vorteile eines globalen Einkaufs für Geschäftsreisen

Die Hauptvorteile einer globalen Konsolidierung der Warengruppe liegen für mich in der Transparenz, die dadurch geschaffen wird und in der Professionalisierung des Einkaufs für diese Warengruppe. Dadurch, dass sich ein Einkäufer oder ein Einkaufsteam weltweit und für die anderen mit den Besonderheiten der Warengruppe beschäftigt, Ausschreibungen regelmäßig durchführt und einen Überblick über geschlossene und notwendige Verträge bewahrt, lassen sich deutliche Einkaufsvorteile auf globaler Ebene erzielen. Der Einkäufer benötigt dann für jede Region oder gar jedes Land eine lokale Unterstützung. Diese kann zum Beispiel auch Verhandlungen mit lokalen Anbietern – wie zum Beispiel Hotels im Auftrag und mit Unterstützung des Einkäufers führen.

Eine Best-Practice-Lösung, die ich von einem Vortrag mitgenommen habe, war, dass Einkäufer aus verschiedenen Kontinenten ein Warengruppenteam für das Thema Travel gebildet haben und die Hauptzuständigkeiten für die Unterwarengruppen Flug, Hotel und Mietwagen unter sich aufgeteilt haben. Dadurch hatte je einer den „Hut auf" für die Unter-warengruppe. Das war zugegebenermaßen bei einem größeren Unternehmen. Ein weiterer Vorteil der globalen Organisation des Geschäftsreiseeinkaufs ist das Thema Reisesicher-heit, das im Kap. 12 behandelt wird.

Exkurs: Geschäftsreisen und Sicherheit 12

Das Thema Sicherheit auf Geschäftsreisen ist derzeit in der Branche und bei vielen Unternehmen stark in den Fokus geraten und geht mit der globalen Aufstellung von Unternehmen einher. Es finden Projekte in unsicheren Regionen der Welt statt, sodass Unternehmen sich aufgrund ihrer Fürsorgepflicht den Arbeitnehmern gegenüber damit beschäftigen, Mitarbeiter vor den Gefahren in den Destinationen zu warnen und sie gegebenenfalls in Eskalationsmomenten dort heraus zu holen. In erster Linie denkt man hier an politische Unruhen, wie derzeit z. B. in Ägypten oder in Afghanistan. Fukushima hat uns gezeigt, dass es auch Naturkatastrophen mit anschließender Kernschmelze in einem Atomkraftwerk sein können. Den größten Einbruch im Geschäftsreisebereich hat in den vergangenen Jahren der Vulkanausbruch des Eyjafjallajökull 2010 auf Island gebracht, weil er den Flugverkehr in Nord- und Mitteleuropa für mehrere Tage lahmlegte, indem er eine Aschewolke ausbreitete, die für die Triebwerke der Flugzeuge als gefährdend eingeschätzt wurde.

Gerade größere und komplexere Firmen sind in diesen Situationen darauf angewiesen, auf Knopfdruck einen Überblick zu erhalten, welche ihrer Mitarbeiter sich in betroffenen Regionen befinden und wie sie diese kontaktieren können.

Die Geschäftsreisebüros bieten hier diverse Services an, die von Sicherheitsbeauftragten in den Unternehmen genutzt werden können.

12.1 Information

Die einfachste Form der Information über Krisen und Gefahren ist die Weitergabe von Reisewarnungen durch Reisebüros. Dabei verfügen die großen Geschäftsreiseketten über eigene Abteilungen, die weltweit die Nachrichtenticker nach Informationen durchsuchen, die für den Geschäftsreisebereich relevant sind. Teilweise werden diese einfach in E-Mail-Form weitergegeben, sodass Travel-Manager sich durch eine Unzahl mehr- oder minder relevanter Informationen durcharbeiten müssen. Teilweise werden diese Meldungen aber schon nach Schwere oder Art der Ereignisse geclustert und bieten schon so einen guten

Überblick. Diese vorsortierten Meldungen können auch etwa in ein Internetportal eingestellt werden, das teilweise von den Reisebüros für ihre Kunden zur Verfügung gestellt wird.

Hier kommen aber auch bereits die von den Reisebüros als extra zur Verfügung gestellten Sicherheitstools ins Spiel. Das sind eingekaufte internetbasierte Portale, in die im ersten Schritt sämtliche Reiseinformationen weltweit eingespeist werden. Diese Portale nutzen dann die Sicherheitsbeauftragten in Unternehmen, um zum Beispiel Sicherheitswarnungen und Verhaltensregeln für Mitarbeiter des Unternehmens zusammenzustellen, wenn sie in Krisenregionen tätig sind.

Die Informationen der Reisebüros gehen hier deutlch weiter als etwa die Reisewarnungen des Auswärtigen Amtes. Das Auswärtige Amt muss hier meist vorsichtiger vorgehen, da eine Reisewarnung immer auch einen offiziellen Charakter hat und zum Beispiel als Grundlage dafür dient, dass touristische Reisen in das entsprechende Land kostenfrei storniert oder umgebucht werden dürfen. Für eine Krisenregion, die vom Tourismus wirtschaftlich profitiert, ist es daher eine eigene Katastrophe, wenn Reisewarnungen ausgesprochen werden. Daher tendiert das Auswärtige Amt hier manchmal zu einer politischen Vorsicht, die nicht unbedingt von Unternehmen übernommen wird, die in den Krisenregionen tätig sind. In 2013 konnte man dies am Beispiel Ägypten deutlich sehen.

12.2 Lokalisierung von Reisenden

Den wohl größten Mehrwert bieten die Reisebüros mit ihren Sicherheitstools, wenn es darum geht, Reisende in Krisensituationen schnell zu lokalisieren und zu kontaktieren. Die Sicherheitstools werden dafür mit den Buchungsinformationen, die den Reisebüros zur Verfügung stehen, gespeist. Der Sicherheitsbeauftragte kann dann auf einer Weltkarte sehen, in welchen Ländern sich Mitarbeiter befinden und meist per Mausklick auf einer tieferen Ebene Reisedaten und Namen der Mitarbeiter für bestimmte Regionen und Länder aufrufen. Dabei werden entweder die Flugdaten angezeigt oder – wenn auch das Hotel über das Reisebüro gebucht wurde – auch der Name des Hotels in dem der Reisende untergebracht ist. Über das Reisendenprofil kann dann auch noch die Handynummer als Kontaktmöglichkeit zugesteuert werden.

Mithilfe dieser Informationen sind Unternehmen in der Lage, ihre Mitarbeiter – sofern das Handynetz noch in Ordnung ist und Maschinen noch verfügbar sind – innerhalb weniger Stunden aus Krisengebieten auszufliegen. Es gibt weitere Dienstleister im Markt, die sich genau mit dieser Thematik beschäftigen und zum Teil Reisende auch persönlich herausholen. Das klingt ein wenig nach James Bond, ist aber in der Regel eher ein Tagesgeschäft und ist insbesondere für Unternehmen interessant, die global tätig sind. Hier wird es ja auch die Regel, dass nicht ein Team von A nach B reist, sondern dass Experten aus unterschiedlichen Ländern zusammengerufen werden, die ihre Reisen in ihrem jeweiligen Heimatland oder Basisland buchen. Diese Informationen zusammenzustellen wäre auf manuellem Weg eine Sisyphosaufgabe. Ein globaler Reiseanbieter aber kann das Sicher heitstool von allen Seiten speisen und so den entsprechenden Überblick für eine zentrale Sicherheitsabteilung bieten.

Zu beachten ist bei der Einführung eines derartigen Systems die Beteiligung des Betriebsrates und des Datenschutzbeauftragten der Unternehmen. Ein Sicherheitssystem ist ein Überwachungssystem par excellence und insofern sollte die Nutzung stark reglementiert und auf den eigentlichen Nutzerkreis beschränkt werden. Der Einkäufer zum Beispiel kann in der Regel mit diesen Systemen nichts anfangen – die Nutzung sollte nur für den Sicherheitsbeauftragten und seine Vertretung beschränkt sein.

12.3   Mithilfe bei Rücktransporten

Das Geschäft, Reisende aus Krisenregionen zurück zu holen, ist eigentlich kein Reisebürogeschäft. Die Reisebüros haben aber erkannt, dass ihr Service gerade in Krisenzeiten deutlich mehr gefragt ist. So boten viele Reisebüros bei den letzten Ereignissen verlängerte Öffnungszeiten an und waren erreichbar, wenn Reisende zum Beispiel während der Aschewolke versucht haben, mit Bus, Bahn und Mietwagen aus allen Ecken Europas wieder nach Hause zu kommen. Im Falle der Kernkraftschmelze in Japan haben Reisebüros sogar eigene Maschinen gechartert, um ihre Kunden aus Japan herauszufliegen.

12.4   Sichere Reiseverkehrsmittel

In Bezug auf die Sicherheit von Verkehrsmitteln gibt es eigentlich nur eine Diskussion bezüglich der Luftverkehrsgesellschaften. Die Bahn gilt als sicher und die Unsicherheiten, die der Straßenverkehr mit sich führt, werden als unumgehbar angesehen.

Es operiert weltweit tatsächlich eine große Anzahl von Airlines, die aufgrund von mangelnder Wartung der Maschinen oder dem Ausbildungsstand der Piloten nicht unseren europäischen Sicherheitsvorstellungen entsprechen. Die EU hat daher diese Airlines mit einem Verbot versehen, auf europäischen Flughäfen zu landen. Eine Liste dieser Airlines, über deren Umfang man immer wieder verwundert ist, findet man auf der entsprechenden Seite der Europäischen Kommission.[1] Hier kann man sich insbesondere informieren, wenn man außerhalb von Europa einen Flug mit einer unbekannten Airline plant – insbesondere bei innerafrikanischen Flügen. Aber auch einige wenige Airlines aus Asien und Südamerika finden sich hier wieder. Ansonsten kann man davon ausgehen, dass die Airlines offiziellen Sicherheitsbestimmungen entsprechen.

Wer sich innerhalb der akzeptierten Airlines über ein Sicherheitsranking informieren will, sollte einen Blick in die Statistik werfen, die das Fachmagazin Aero International[2] einmal pro Jahr veröffentlicht. Diese beruht auf einer Statistik, die das Flugunfallbüro Jacdac

---

[1] http://ec.europa.eu/transport/modes/air/safety/air-ban/.

[2] Informationen unter www.aerointernational.de.

ermittelt. Hier werden die Airlines aufgrund von Flugzeugverlusten und Todesopfern der vergangenen Jahre mit einem Ranking versehen. Diese Statistik ist daher sehr stark von den Ereignissen der letzten Jahre geprägt (und kann natürlich nicht in die Zukunft sehen). Statistisch gesehen ist das Fliegen sicherer als das Autofahren: Im Jahr 2012– zugegeben das sicherste Jahr in der Geschichte der Flugbranche – verzeichnete die Luftverkehrsbranche 496 Todesopfer weltweit. Allein in Deutschland kamen im Straßenverkehr im gleichen Zeitraum ca. 3.600 Menschen um.[3] Ein Sicherheitstraining für KFZ-Nutzer – wie es in vielen Firmen bereits angeboten wird – scheint daher die adäquateste Methode, die Sicherheit auf Geschäftsreisen zu erhöhen.

12.5 Datensicherheit

Nicht zuletzt die NSA-Affäre machte auch einer breiten Öffentlichkeit bewusst, wie sensibel unsere Daten in Zeiten digitaler Speicherung und Auswertung sind. Die Daten, die im Rahmen einer Geschäftsreise und der Geschäftsreisebuchung hinterlassen werden, sind höchst sensibel: Name, E-Mail-Adresse, Geburtsdatum, aber auch Kreditkartendaten und die Reisedaten an sich sind schützenswerte Daten. Daher sollte bei jedem Projekt, mit dem ein neues Tool eingeführt wird, der Datenschutzbeauftragte involviert werden. Die Datenspeicherung kann im Geschäftsreisebereich nicht verhindert werden – so werden den amerikanischen Behörden automatisch sämtliche Passagierdaten von Reisenden in die USA von den Fluggesellschaften übermittelt. Ein Mietwagen ist ohne Kreditkarte schwer zu bekommen, ein Hotel unmöglich ohne persönliche Kreditkarte zu garantieren und der Reisende gibt nur zu gern persönliche Daten preis, wenn er mit der Mile & More Karte Punkte sammeln kann.

Als Einkäufer ist es wichtig, die in den Buchungssystemen und Reportingsystemen gespeicherten Daten anderen Mitarbeitern oder Dienstleistern nur insofern zugänglich zu machen, als dass sie ihrer Aufgabe nachkommen können. Viele Reisebüros arbeiten heute zum Beispiel mit den Profildaten so, dass der Reisende eine Speicherung explizit durch seine Unterschrift oder mit gesonderter digitaler Zustimmung genehmigen muss. Der Einkäufer zum Beispiel benötigt für seine Aufgaben kaum personenbezogene Daten. Einzige Ausnahme könnte die direkte Ansprache von Reisenden bei Verstößen gegen die Reiserichtlinie sein. Wenn so etwas geplant ist, sollte mit Datenschutzbeauftragten und Betriebsrat besprochen werden, welche Rechte der Dateneinsicht der Einkäufer oder eine andere Abteilung, zum Beispiel die Personalabteilung, hier hat. Bei den Reportings, die in der Tab. 8.1 vorgeschlagen wurden, sind keine personenbezogenen Daten notwendig.

Der Sicherheitsbeauftragte braucht sicherlich einen Zugang zu dem Sicherheitstool, um gegebenenfalls Reisende im Gefahrenfall lokalisieren zu können. Auch hier sollte man den Zugang zu dem Tool nur dem Sicherheitsbeauftragten und seiner Vertretung gewähren.

---

[3] FOCUS-Online: Airlines im Vergleich: Wie sicher sind deutsche Fluglinien? Dienstag, 09.04.2013.

Der Datenschutzbeauftragte sollte bei jeder Ausschreibung eines Tools sicherstellen, dass die Datenspeicherung bei den Dienstleistern den gesetzlichen Bestimmungen entspricht und darüber hinaus auch branchenspezifischen oder unternehmensspezifischen Anforderungen genügt.

Die weitaus größere Gefahr für gespeicherte Daten ist allerdings deren Transport auf Laptops und Tablets unterwegs auf der Geschäftsreise. Hier können Daten mühelos ausgespäht werden. Gemeinsam mit der IT-Abteilung sollte die Reiserichtlinie mit entsprechenden Hinweisen und Verfahrensrichtlinien für den Reisenden versehen werden. Das kommt insbesondere dann in Betracht, wenn die Daten, die mitgeführt werden, sensibel sind: Wenn zum Beispiel Außendienstmitarbeiter Produktinformationen mit sich führen, die für andere Firmen interessant sein können. Oder wenn Berater Informationen von ihren Kunden mit sich führen, für die sie eine Datenschutzerklärung unterschrieben haben. Die Daten sollten zumindest passwortgeschützt und verschlüsselt sein – was gerade bei Tablets nicht immer der Fall ist. Auch die Nutzung von W-LAN-Hot-Spots oder Apps mit einer Cloud sollten gut überlegt sein.[4] Ich kenne auch Unternehmen, die ihre Mitarbeiter mit besonderen – fast „blanken" – Laptops ausstatten, wenn sie in bestimmte Länder – zum Beispiel China und die USA reisen. Ein Blick auf die Menge der Daten, die sich auf dem eigenen Laptop befinden, kann hier schon überzeugen, dass eine erhebliche Vorsicht geboten ist.

---

[4] Bezüglich Hot Spots, Apps und dem Thema Datensicherheit auf Reisen habe ich meine Informationen u. a. aus dem Bericht von Robert Falck aus dem Bericht „Die Datensammler" der Go Global BIZ, Oktober 2013 bezogen.

Sachverzeichnis

R. Mahnicke, *Business Travel Management,*
DOI 10.1007/978-3-658-02933-3, © Springer Fachmedien Wiesbaden 2013

Printed by Printforce, the Netherlands